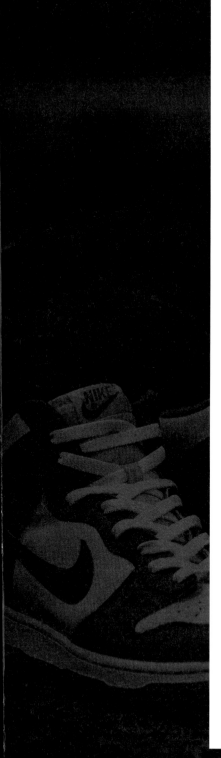

PROFILE

『molee』

Instagram：@grv.molee

Instagramを中心としたNIKE AIR
BURST 2人気の火付け役。早い時期から
AIR BURST 2のソールスワップ品を投稿
し、同世代のスニーカーファンを刺激。リペ
アだけでなくスニーカーのカスタムも楽しむ
沖縄在住の趣味人。

Intro
ductior

レストアスニーカーの
時代が到来した

スニーカーと
ヴィンテージカーの
意外なほどの
共通点

MOLEE氏がソールスワップを手掛けたNIKE AIR BARST 2。この1足がスニーカーのウンチクとコダワリに溢れる趣味人を刺激して、スニーカーのリペア人気を加速させた。その世界観は周囲の趣味人をも巻き込んで、レストアと評すべき新たな作例を生み出す追い風になっている。

最先端のスニーカーリペアはレストアと言うべき世界観にステージアップしている

経年劣化やダメージの積み重ねで履けなくなったスニーカーをリペアして履く趣味人は、時を重ねるごとに増えている。SNSに投稿されたリペアを施したスニーカーは、同じ嗜好を持つ人々のコミュニティで共有され、新たな愛好家を取り込んでいく。特にInstagramを発信源とするムーブメントが追い風となり、スニーカーのリペアに特化した接着剤や塗料の新製品が続々と登場。その流れと連動するように、スニーカーのリペアを看板に掲げるショップも数を増やしている。コアな趣味層を中心とするマーケットの広がり方は、ヴィンテージカーのそれと良く似ている。

そしてスニーカーリペアに求められるニーズも深さを増している。リペアを施すスニーカーにも、手を掛けるべき理由が重視されるようになっているのだ。それは単なる靴の修理から、一歩先を行く世界観だと言い換えても差し支えないだろう。例えば過去の人気モデルでありながら現在までに復刻の機会に恵まれていない、NIKEのAIR BARST 2は手を掛けるべき理由に溢れるスニーカーの代表格だ。AIR BARST 2は何故リペアする価値

があるのか。そのコダワリは周囲からウンチクと評されるものであり、興味の無い人は理解しようとすら思わない。ただ、趣味人にとってはウンチクこそが本当に大切にすべきコダワリなのである。

そうしたコダワリは新たなスキルを生む種となり、つい先日までリペアするのが難しいとされていた名作スニーカーを斬新なアイデアで復活させ、再びストリートに送り出している。実用性と言う枠には収まらない、個々の思い入れを復活させる事までが、最先端のスニーカーリペアに求められる要素である。

それはヴィンテージカーで言う所の"レストア"に他ならない。そして趣味性を深め、世界観をステージをアップさせたスニーカーのリペアは、スニーカーのレストアと表現するのが相応しい。本書はレストアスニーカー時代の幕開けを祝し、初心者でも楽しめるリペアから趣味人を唸らせるレストアのレシピまでプロショップの職人から協力を得た最新の情報を提案するものだ。

11万円で売買されたAIR BURST 2と同じ、ソールスワップを施したトリコロールのファーストカラー。余談になるが2019年8月に発売されたグラフィック社刊『スニーカーリペアブック』の巻頭を飾ったのも、トリコロールに染まるAIR BURST 2のソールスワップ版だ。

HOT TOPIC
SOLE SWAP/
NIKE AIR BURST 2

ソールスワップしたスニーカーが11万円で売れた!?
既存のリペアスニーカーの概念をこえる評価がレストアスニーカーの世界観を表している

2021年6月某日、スニーカー界を賑わせたある出来事が起こった。その話題の主役は前頁でも触れたNIKE AIR BURST 2。そのAIR BURST 2にソールスワップを施したトリコロールのファーストカラーがフリマアプリで11万円にて売買が成立したのである。

ここでAIR BURST 2に詳しくない人に向け、スニーカーの素性に触れておこう。AIR BURST 2はオリジナルが1996年に発売されたハイテクスニーカーで、全米最大手のスポーツショップFOOT LOCKERの別注モデル（専売モデル）だ。当時国内ではハイテクスニーカーブームの真っ最中で、毎月のようにストリート誌で取り上げられ、当時のスニーカー少年の憧れの1足になっていた。ランニングシューズとしてのパフォーマンスこそ当時のハイエンドモデルAIR MAX 96に劣っていたが、海外限定発売モデルという付加価値もあり、その人気はAIR MAX 96を圧倒していた。

話題を11万円で売買されたAIR BURST 2に戻すと、出品者の説明にはソールスワップ品である事がしっかりと明記さ

れていた。にも拘わらず高額で売買されていたのは日本のスニーカーシーンでは異例と言える。国内のスニーカーファンの間ではオリジナル信仰が根強く、例え加水分解でソールが破損していても、その状態こそオリジナルの姿であり、評価すべきスニーカーだという論調が支配的だった。ただ、そうした感覚はいつの間にか過去の遺物になっていたのだ。

人気の高いスニーカーを高いクオリティでリペアした1足は、それに相応しい価格で取り引きされる。まさにヴィンテージカーの世界観である。とはいえ11万円というプライスは、AIR BURST 2人気を生み出したMOLEE氏だけでなく、プロショップの職人も驚きを隠せずにいたのも事実。業界を賑わせたトピックが、レストアスニーカーの地位を更に引き上げる切っ掛けになるかもしれない。

参考までに次の頁では、11万円の値が付いたAIR BURST 2に関する情報を掲載する。ソールスワップの工程はP.040から掲載する、AIR MAX 95のレシピに準じるので、そちらを参考のこと。

HOT TOPIC

SOLE SWAP ›› NIKE AIR BURST 2

AIR BURST 2のソールスワップに 必要なのはこのスニーカー

NIKE AIR BURST 2
TRICOLOR

1996年発売の傑作ハイテクスニーカー。ここで掲載するトリコロールと呼ばれるファーストモデルは同モデルのイメージカラーであり、当時のストリート誌でも大きく取り上げられていた。そのソールは加水分解に弱く、一時はジャンク品が手頃な価格で手に入ったものの、ソールスワップで復活させるレシピが共有されるとレストアベース用に買い求めるスニーカーファンが急増。現在ではソールが完全に破壊していても、アッパーのコンディションが良ければ数万円の相場で売買されている。

NIKE AIR MAX 93
HABANERO RED

交換用ソールを取り外す2018年の復刻モデル。モデル名が示す通り、オリジナルは1993年に発売されたAIR MAXで、AIR MAXとしては5代目である事から当時はAIR MAX Vとも呼ばれていた。アウトソールの配色が異なるものの、AIR BURST 2のファーストカラーをソールスワップする際には欠かせない1足と知られ、新品状態であれば発売時の定価（税別1万3000円）を超える2万円前後の相場で取引されているようだ。但しユーズド品はソールスワップ需要も低くなり、手頃な価格で購入可能。

BEFORE
&
AFTER

NIKE AIR BURST 2 SOLE SWAP

AIR BURST 2のソールスワップ品とオリジナルの比較画像。オリジナルのAIR BURST 2自体がAIR MAX 93のソールを流用したモデルなだけに、ソールスワップ後も違和感なく仕上がっているの。復刻モデルのAIR MAXは全般的にエアバッグが小型化している傾向があるため、厳密に言えばソールスワップ品でもエアバッグの形状が異なっている。それでも透明感のあるエアバッグを搭載するAIR BURST 2は、かつてスニーカー少年が憧れた姿そのものだ。ソールスワップの需要が高くなるのも納得の1足に仕上がっている。

HOT TOPIC
What's the NEXT AIR BURST 2 » レストアスニーカー5選

スニーカーのレストアは仲間と共に楽しみたい!
AIR BURST 2の次に注目されそうなスニーカー5選

スニーカーをレストアする趣味は自身の所有欲を満たす行為であるべきで、
周囲の反応を気にする必要は無いものだ。ただInstagramを中心とするSNSを誰もが利用し、
同じ趣味を持つ仲間と繋がりやすい環境が整った今、手間をかけてスニーカーをレストアするならば、
より仲間との話のネタになる1足を選びたいという気持ちが芽生えるのも健全だろう。
ソールスワップしたAIR BURST 2を踏まえると、SNSで注目を集めるレストアベースには次の要素が含まれると考えられる。
先ずはモデル自体の知名度が高いモデル。そして未復刻、もしくは復刻の機会が限定されてるモデルだ。
この頁では今後のレストアベース選びの参考情報と共に、初レストアのタイミングを探している人の背中を押す観点から、
AIR BURST 2の次に注目を集める"かもしれない"5種のスニーカーを紹介する。

NIKE AIR MAX '95
NAVY GRADATION
1998

言わずと知れた米国フットロッカー別注の
AIR MAX 95。但しレストアのベースモデル
としての狙い目としては、1995年発売のオ
リジナルではなく、1998年にメンズモデル
として展開された復刻モデルを勧めたい。オ
リジナルのネイビーグラデはWMNSモデル
なので、27cm前後のゴールデンサイズを見
つけるのが難しいのだ。

NIKE AIR MAX 95
EMERALD BORDER
1996

比較的小さめサイズのレストアベースを探し
ているならAIR MAX 95のエメラルドボー
ダーは、候補に加えるべき1足だろう。1996
年にラインナップに追加されたWMNSモデ
ルで、当時15歳だった人気女優がケータイ
キャリア(当時はポケベル)のCMに出演し
た際に着用したカラーなので、思い入れが強
いスニーカーファンも居るハズだ。

NIKE AIR BURST 1
1995

AIR BURST 2の先代モデルにあたるAIR BURST
1の復刻モデルは何度か復刻の機会に恵まれてい
るが、ここで紹介するレッドとホワイトのカラー
ウェイは今のところ未復刻。ハイテクスニーカー
ブーム時に非常に人気が高かった1足で、このカ
ラーに憧れていた当時のスニーカー少年も少な
くないハズ。こちらも国内未発売モデルであり、
本気でレストア用のBURST 1を探すのであれ
ば、海外のネットオークションも活用したい。

NIKE AIR WORM
NDESTRUKT
1996

NBAの悪童と評されたデニス・ロッドマンの
シグニチャーモデルであり、彼自身のニック
ネームである"WORM（芋虫）"の名を冠した
バスケットボールシューズ。全く同じデザイン
のソールを採用する復刻モデルが存在しないた
め、現状ではSHAKE NDESTRUKTのソール
を流用するしかないが、熱狂的なファンが多く、
話題性も十分だ。

NIKE AIR NOMO MAX
1997

日本人初のNIKE製シグニチャーモデルの中で
も、ヒールタブにナンバリング16が刺繍され
るタイプは日本国内限定のレアバージョン。日
本人にとって特別な1足であり、今後の人気が
高まりそうな大穴モデルの筆頭だ。カラー選び
を妥協すれば、2019年発売の復刻モデルから
ソールユニットを移植可能なのもお勧めする理
由のひとつ。

REPAIR GOODS » 100均グッズ5選

プロの手元からスキルを盗め!
スニーカーリペアにガチで使える100均グッズ5選

スニーカーのリペアは特に趣味性の高いジャンルのひとつ。スニーカーのリペアに挑戦しようと思っても、
道具を揃えるだけでも大きな出費になりそうだと二の足を踏んでいる人もいるだろう。
確かに専門性の高いギアやツールは、値段はそれなりなのがお約束。
スニーカーのリペアを嗜む人なら誰でも憧れる八方ミシンも、そう簡単に購入できる価格ではない。
ただプロショップの職人の手元に注目すると、
意外にも100均ショップでも購入可能なグッズを巧みに活用していたのだ。
まさに"弘法筆を選ばず"である。取材させて頂いた職人の手元を参考に、
100均ショップで5点のアイテムを購入してみたのでお披露目しよう。

REPAIR GOODS 01
メラミンスポンジ

水に浸せば汚れが落とせ、アセトンを含ませれば頑固な接着剤跡もクリーニング可能なメラミンスポンジは、スニーカーのリペアで大活躍してくれる鉄板アイテム。一般的なキューブ状の商品も使えるが、特に好みの大きさにカットするシート状のメラミンスポンジの使いやすさは抜群。スニーカーのリペアを行う際には必ず購入しておくべき逸品だ。

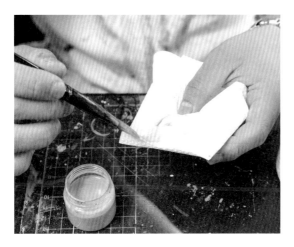

REPAIR GOODS 02
ペーパータオル

水分を含んでも簡単に破れず環境にも優しいペーパータオルは、染料の濃度の確認時に無くてはならないアイテムだ。調色した染料や塗料の発色は実際に塗って乾かしてみないと確認するのが難しいものが、ペーパータオルに塗った塗料は乾燥も早いので、短時間で確認できるのが有難い。特殊な商品でない限り、ベースカラーが純白なのもメリットだ。

〈身近な100均グッズも職人が使えば作業をサポートする相棒になる〉

REPAIR GOODS 03
スクレーパー

100均ショップのD.I.Yコーナーで、壁紙用に販売されているスクレーパー。このアイテムはソールスワップを行う際、アッパーにこびり付く劣化したウレタンを剥がす用にも最適だ。100均ショップで販売されているスクレーパーの刃は硬く、柔軟性に乏しい傾向がある。力がダイレクトに刃先に伝わるので、残すべき素材まで傷つけないよう注意しよう。

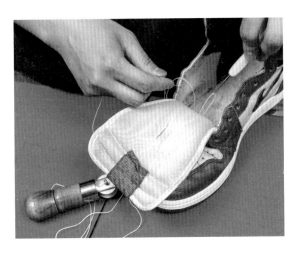

REPAIR GOODS 04
かぎ針

手芸コーナーに並べられているかぎ針は、本来は編み物に使用するもの。その先端は糸を引っ掛けるには最適の構造で、オパンケ製法で手が届きにくい場所からステッチ糸を引き寄せるには最高のアイテムだ。今回は持ち手が太く加工されたタイプを選んでしまったが、実際の作業では、全体が細いかぎ針の方が手元を確認しやすいのでお勧めだ。

REPAIR GOODS 05
紙コップ

最初に念を押しておくが、スニーカーリペアに適しているのはプラカップではなく、あくまで紙コップだ。染料や塗料の調色はもちろん、短時間であればアセトンを小分けにする際にも利用可能。さらにフチに折り目を付ければ、口が細い容器に溶剤を移す際にも活躍する。単価が安く、塗料等を入れた後に気兼ねなく使い捨てる事ができる点も見逃せない。

for ALL SNEAKER LOVERS »　スニーカー専用BOX最前線

レストアしたスニーカーはどうやって保管する？
ハイカットスニーカーも無理なく収納可能な
最先端のシューズボックス

これまでのリペアスニーカーの域を超え、よりコダワリと思い入れの強い仕上がりを目指すレストアスニーカー。それは履いて楽しむのは勿論のこと、ディスプレイしても満足度が高いスニーカーであるべきだ。満足のいくレストアスニーカーを完成させた後には、どのようにして保管するのが良いのだろうか。細部までこだわり抜いた1足をメーカーのボックスに戻し、部屋の片隅に積み上げるだけでは余りにも勿体ない。

幸いにも現代のスニーカーシーンには、お気に入りのスニーカーを保管し、眺めて楽しむ為にデザインされたボックスが発売されている。その最先端と言うべきプロダクトが、ここで紹介する「TOWER BOX PLUS」。世界中のスニーカーヘッズにアンケートを実施して、改良を重ねたと使えられている。人気スニーカーが無理なく収納できるの

は勿論のこと、細かい部分にフォーカスすると通気口が設置されているのもポイントと言える。スニーカーファンを悩ませリペアの切っ掛けにもなる劣化現象「加水分解」は、BOXの中に収納している際の湿気が影響すると言われている。この対策にはBOXの通気性を向上させるのが効果的。理論的にはメーカーのBOXに入れたまま保管するよりもTOWER BOX PLUSに収納した方が、加水分解の抑制に働きかける事が出来るのだ。

実際にユーザーからの評判も高く、ここで掲載したKIXSIXのように、スニーカーファンにはお馴染みのブランドとのコラボモデルも展開中。次の頁ではTOWER BOX PLUSをはじめ、スニーカーを収納するボックスとして知名度が高い3アイテムをピックアップ。それぞれの特性について紹介していく。

KIXSIX × TOWER BOX PLUS（SMALL LOGO）6P SET

高さ22cm×幅28cm×奥行き35.5cm　価格：9680円（税込）

〈スニーカーファンが愛用する代表的な3種を徹底比較!〉

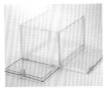

SHOES BOX 01
KIXSIX × TOWER BOX PLUS (SMALL LOGO) 6P SET

2021年時点で最先端かつ究極のスニーカー専用BOX

商品名に"PLUS"と記されている通り、従来品をアップデートして、よりスニーカーファンのニーズに応えたアイテム。従来品に比べて高さを4cm程アップして、AIR JORDAN 1やDUNKなど、ハイカットモデルのスニーカーでも無理なく収納可能なのが特徴だ。さらにBOXの正面と側面で開閉可能な2WAYオープン方式を採用しているので、場所を選ばずに置けるのも心憎い。価格は6セットで9680円（税込）と少々高額のように感じるかもしれないが、1個あたりに換算すると1600円程。TOWER BOX PLUSの使いやすさを1度体感すると、むしろ割安に感じるかもしれない。

SHOES BOX 02
DAISO 組み立てシューズボックス

価格重視ならば他に比べるものが無い100均アイテム

DAISOにて1セット300円で販売されている組み立て式のシューズボックス。その価格からは予想できない程に使いやすく、Instagramでも話題を集めたアイテムだ。半透明の板を組み立てた後に両側をフレームで固定するBOXで、前開きのドアが用意されている。価格が価格だけに個体差があり、ボックスの前を歩く程度の振動でドアが開くケースもあるようだ。高さも16.7cmと若干低く、AIR JORDAN 1のようなハイカットスニーカーは横に寝かさなければ収納が難しい。そうしたデメリットを考慮しても300円という価格は魅力的で、カートン単位で購入したファンも少なくないようだ。

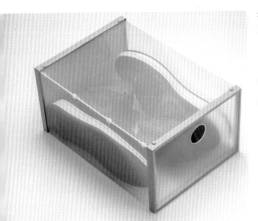

SHOES BOX 03
アイリスオーヤマUSA マルチ収納ボックス

耐久性に優れるマルチに使えるストレージボックス

現在のように様々なブランドからスニーカー専用BOXが発売される以前は、スニーカーを収納するならアイリスオーヤマUSAのストレージボックスが鉄板だった。国内未発売アイテムで8個セットの並行輸入品が5000円前後で発売されていたが、稀にコストコで市場価格の半額近くで入荷していた。このBOXは上蓋タイプなので、積み重ねると下の段に収めたスニーカーを取り出す時に苦労する。さらにハイカットスニーカーは寝かせるように収納する必要があったものの、中身が分かる半透明のストレージボックスはコレクター向きで、多くのスニーカーファンが愛用していた。

CASE STUDY
#01
PROTECTION/
プロテクション

PROTECTION/プｗロテクション »
AIR JORDAN 1 RETRO HIGH BRED (2009)

手間をかけてリペアした1足を
少しでも長く履き続けるために

ここからは初心者にも優しい最新情報から専門的な知識が必要となる上級編まで、スニーカーのリペアやレストアに関する
様々な事例を紹介していく。最初にレポートするのは、新品スニーカーはもちろん、リペアしたスニーカーの味方となる
ソールのプロテクトパーツ「Forefoot Heel Protector 守」の取り付け手順だ。
NIKE AIR MAX 1 "TOKYO MAZE" のデザインを手掛けた宅万勇太氏が率いる「Forefoot」が提案する
ファーストプロダクトであり、発売後に即完売した注目アイテムだ。近年のスニーカーシーンで最も人気の高い AIR JORDAN 1 や
DUNK のソールを、着用時のすり減りから守ってくれる優れモノと評価も高い。ソールスワップした AIR JORDAN 1 を
少しでも長く履き続けるために、実際に「Forefoot Heel Protector 守」を取り付けてみよう。

協力：Forefoot

主な取得スキル

Start

RESTORE SKILL

Heel Protector 守の仕様を確認

生粋のスニーカーファンがプロデュースしたプロテクトパーツ

現代のスニーカー人気を牽引する2トップと言えば、AIR JORDAN 1とDUNK。Forefoot Heel Protector 守はこの2モデルのソールに装着して、着用時のダメージからヒール部を守るパーツである。そのコンセプトは多くのスニーカーファンが待ち望んだもので、発売直後に完売しただけでなく、リストック後もサイズによっては常に売り切れ状態が続いている。今回は約2年前にソールスワップしたAIR JORDAN 1にForefoot Heel Protector 守を装着し、取り付け手順を紹介。手間をかけてリペアしたスニーカーを大切に履きたい人に贈るレポートだ。

01 前書「HOW TO KICKS REPAIR スニーカーリペアブック」でソールスワップを行ったAJ1の復刻モデル。BREDのニックネームで親しまれるプロダクトで、履くためにソールスワップしたハズが、手間をかけてリペアしたスニーカーにダメージを与えるのも忍びなく、ずっと保管して来た1足だ。

02 Forefoot Heel Protector 守はスニーカーに対応するサイズ展開があり、29cmのAJ1にはXLが推奨サイズに指定されている。その指定に合わせ、リストックされたタイミングを見計らってXLサイズのレッドを購入した。指定サイズはAJ1とDUNKで異なるので、購入する際は注意しよう。

03 このプロテクトパーツが多くのファンに支持されている理由のひとつには、カラーの再現度がある。ソールに貼り付けるパーツなだけに、素材の色が異なると不自然に目立ってしまう。その点 "守" では人気モデルのソールカラーが忠実に再現されているので、取り付けた時に悪目立ちしないのだ。

04 1足分の "守" には、両足用のプロテクトパーツと、予備を含めた3枚の接着シール。そしてシンプルな説明書がセットになっている。サイズ展開はXXSからXXLまでの7サイズで、スニーカーのサイズ表記で、24cmから31.5cm（一部対応しないモデルあり）までのモデルに取り付け可能だ。

Heel Protector 守に接着シールを貼り付ける

ボンドの総合メーカーが開発した接着シールが確かな接着強度を約束する

Forefoot Heel Protector 守は、両面テープのように使用する接着シールでスニーカーのソールに取り付けるプロテクトパーツだ。強力なスニーカー専用接着剤を知るクラフトマンであれば、その接着力に不安を感じるかもしれないが、接着シールの開発は国内のボンドの総合メーカーが担当。確かな接着力を発揮してくれる。またラバーパーツは神戸の老舗ラバーメーカーが手掛けており、品質・耐久性ともに最高のラバーが使用されている。すべての生産を国内で行う事で、ファンからの期待を裏切らないクオリティコントロールに働きかけている。

05 スニーカーのリペアを経験した人であれば、パーツを貼り付ける前に接着面をクリーニングするのは当然の嗜みだ。今回は除光液を含ませたウエスで接着面を拭き上げている。除光液にはアセトンが含まれるタイプも発売されているので、思った以上のクリーニング力を発揮してくれる。

06 新品の"守"の表面にはワックス等の仕上げ剤が塗布されているので、接着面をアセトンや除光液でクリーニングする。"守"に付属する接着シールのクオリティには信頼がおけるが、万が一の接着不良を避けるためにも下地処理は必須になる。接着面の全てを丁寧に拭き上げてやろう。

07 接着シールの保護テープを剥がし、"守"のディテールに合わせて貼り付ける。デザイン的に表裏を間違える人は居ないと思うが、サイズ表記が刻まれている側が接着面なので念のため。接着シールはパーツ形状に合わせてプレカットされているので、両面テープと同じように使用可能だ。

08 "守"の接着面に接着シールを貼り付けた状態。ヒール側のエッジには接着シールのガイドラインとなる段差が設けられている。これはソールに貼り付けた際に、接着シールを隠すためのディテールかもしれないが、この段差があるだけでシールを貼る位置を決めるのが非常に楽になるので有難い。

>>

アウトソールに Heel Protector 守を貼り付ける
ラバーに刻まれた溝が貼り付け位置のガイドラインになる

接着シールを貼った"守"をアウトソールに貼り付けていく。"守"にはNIKEのソールに敬意を表すパターンが刻まれているが、それは単純にソールパターンをコピーではない。AJ1やDUNKとの相性の良さを演出しつつ、オリジナリティをも確保しているのだ。アウトソールの

保護にはシューグーのようなケア用品を予め塗る方法もある。それらは確かにソールの保護では有効的であるものの、人気スニーカーらしいディテール感とは縁遠い見た目になるのが大半だ。"守"はソールを守りつつ、ファンが好むディテール感を確保している点が新しい。

09 AIR JORDAN 1のアウトソールに"守"を貼り付ける。ヒール部のエッジに合わせるように、貼り付ける位置を決めていく。画像ではパーツのディテールを分かりやすくするため、ライティングでパーツの色の差を出しているが、実際のパーツでは、画像程の色の差は無いので予めご了承のこと。

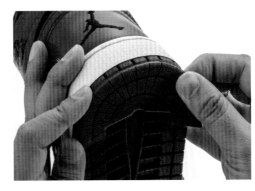

10 "守"を貼り付ける位置の中心は、パーツの後端（カーブの頂点）に刻まれた溝と、アウトソールの溝を重ねてやると見つけやすい。"守"の溝はNIKEのソールをイメージさせるデザインであるものの、完全にトレースした設計ではないので、全ての溝がソールと連動しない状態で固定するのが正解だ。

11 AJ1のアウトソールに"守"を貼り付けた状態。正しい位置に接着していれば、土踏まず側のディテールもアウトソールに馴染むハズ。"守"のサイズがスニーカーに対応していないと、ラバーの一部がソールからはみ出したり、ソールのエッジにパーツが合わなくなるリスクが生じるので注意が必要だ。

12 アウトソールの正しい位置に貼り付けたら、接着面を両面から押すように圧着する。着用時に体重が掛かる場所なので履けば接着強度も向上するのだろうが、この段階でしっかりと固定すると安心だ。さらに確実な接着強度を確保するため、貼り付け後には1日ほど放置するのもお忘れなく。

RESTORE SKILL 1

貼り付けたHeel Protector守のコンディションを確認する
デザイン面の満足感と耐久面での安心感が同時に手に入る

接着したパーツを確認し、しっかりと固定されていれば"守"の取り付け作業も完了だ。このパーツには約3mmの厚みがあり、新品のソールに貼り付けた際にはヒール部の厚さが3mm増える事になる。但し実際に"守"を貼り付けたAIR JORDAN 1を履いてみても、その厚さを実感した場面は無く、オリジナル状態と同様の履き心地が楽しめた。ヒール部に貼り付けるだけで、デザイン面の満足感と耐久面での安心感が手に入るのだから、発売時に即完売状態になったのも頷ける。願わくばもう少し入手が容易であれば有難いのだが。

13 "守"に刻まれている溝はオリジナルのそれとは異なっているのだが、こうして取り付けた状態を眺めても、そこに違和感を覚えるスニーカーファンは居ないだろう。むしろ微妙にディテールを持った感が演出されているので、ギミック好きのスニーカー男子にはポジティブな印象を与えるかもしれない。

14 デザインの再現だけ考えればNIKEのソールをコピーすれば済む話ではあるものの、それがNIKE以外から発売されていたならば、フェイク(偽物)と揶揄されても仕方がないモノになってしまう。そんなアイテムをお気に入りのスニーカーに取り付けたいスニーカーファンはいないハズだ。

15 貼り付け部分を真横から見た状態。この画像は貼り付け直後に撮影したもので、若干パーツに隙間があるようにも見える。但ししばらく履いた後に貼り付け位置を確認すると、気になる隙間は見当たらなかった。これは接着直後の圧着が足りず、履く事で接着面が押し付けられた結果なのだろう。

16 Heel Protector守に付属する説明書にはQRコードが印刷されており、これを読み込むと詳細なマニュアルがダウンロードできる。ここまでレポートした通り、パーツの貼り付けには特別な道具やスキルを必要としないが、より詳細な情報が必要であれば、オフィシャルのマニュアルを確認のこと。

Complete

RESTORE SKILL

完成

ソールスワップしたスニーカーだからこそ着用時のダメージから守ってあげたい

リペアの手順が共有され、AIR JORDAN 1のソールスワップを楽しむ愛好家も以前に比べて増えている。SNSでソールスワップしたAJ1を見かける機会も少なくないだろう。今やソールスワップしたAJ1は珍しい存在では無いが、新品ソールの取り外しやオパンケ製法のステッチなど、AJ1のリペアは何かと手が掛かるもの。そして手を掛けたスニーカーには思い入れが強くなるのも当然だ。AJ1やDUNKのオーナーを悩ませるソールの減りを防ぐために開発されたheel Protector 守は、ソールスワップを施してまで履きたかった、思い入れの強いAJ1にこそ使用してあげたいプロテクターだ。

INFORMATION

Forefoot Official website

宅万氏がディレクターを
務めるFOREFOOTの
最新情報はコチラで入手しよう。

https://www.forefoot.jp/

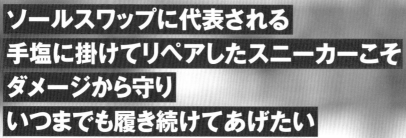

ソールスワップに代表される
手塩に掛けてリペアしたスニーカーこそ
ダメージから守り
いつまでも履き続けてあげたい
PROTECTION
AIR JORDAN 1 RETRO HIGH BRED (2009)

CASE STUDY
#02
RE DYE
PUMA JAPAN
SUEDE SAKURA

2020年より本格展開が開始された
スニーカー専用の染料を使うと
色褪せたスエード素材のスニーカーが
ナチュラル感あふれる仕上がりになる

CASE STUDY

#02
RE DYE/リダイ

RE DYE/リダイ »
PUMA JAPAN SUEDE SAKURA

和の美しさをスニーカーに落とし込んだ
2016年発売の名作を染め直す

スニーカーファンを悩ませる経年劣化の中でも、発生頻度が高い症状のひとつがアッパーの色褪せだろう。
特にスエードを使用したスニーカーは色褪せするスピードが早く、新品状態の発色を楽しめる時間はそれ程長くはない。
ここでレストアベースにセレクトするPUMA JAPAN SUEDE SAKURAも、著しく色褪せした1足だ。日本国内で製造された
SUEDEを、桜の花びらから抽出した天然色素で染めた2016年発売モデルで、当時から"色褪せが早い"とは言われていた。
そのプロフィールを踏まえても、現状の色褪せは受け入れがたいものだ。発売されてから僅か5年間で淡い桜色は抜け、
つま先周りは黄色っぽく変色してしまった。新品状態の美しさを知る身としては「こんなハズでは無かった」と言いたくなる。
そのストレスを解消するため色褪せたSUEDEを塗料によるペイントではなく、スニーカー用の染料で染め直していく。

取材協力：リペア工房アモール

主な取得スキル

- ■ スニーカー専用の染料を調色.........................P.021
- ■ 変色したスエードレザーの染め直し.................P.022
- ■ 染め直したスエードレザーの仕上げ.................P.023

Start
RESTORE
SKILL

スニーカー専用の染料を調色

スニーカー用の染料で日本人の琴線に触れる桜色を表現する

経年劣化で色褪せたSUEDEをレストアするには、スニーカー用の染料が必要になる。簡単に塗料と染料の違いを説明すると、スニーカー用の塗料は「顔料」にカテゴライズされるタイプが殆どで、素材に顔料を乗せて発色させる特性を持っている。それに対して染料は、素材に入り込み、素材自体の色を変えるのが特徴だ。文章にすると言葉遊びのように感じるかもしれないが、要するに色褪せたスニーカーをオリジナルを彷彿させる状態にレストアするには塗料（顔料）でペイントするのではなく、染料で素材を染め直す工程が必須という事だ。

01 レストアベースにセレクトしたPUMAのSUEDEは、桜の花びらから抽出した染料を使用して染めたプロダクト。画像ではアッパーがピンク風に見えるかもしれないが、実物は薄いベージュに近く、しかもつま先部が黄色っぽく変色している。この状態から桜の花を連想する人は居ないだろう。

02 ここで使用するスニーカー専用の染料は、Angelusから発売されている「スエードダイ」。その名の通り、主にスエードやヌバック等の起毛素材に使用する染料だ。スニーカー専用塗料Angelus Paintで実績のあるブランドが発売する染料だけに、スエードダイの発色には定評がある。

03 スエードダイにラインナップするピンクを原液のまま使用すると色が濃すぎるので、ニュートラルと呼ばれる無色透明のスエードダイを加えて、日本の桜を連想させる淡いピンクになるよう調色する。スエードダイには白が存在しないので、濃さの調整はニュートラルを使用するのが前提だ。

04 スエードダイの調色は小さな瓶等に小分けして作業する。購入したスエードダイは染料が瓶の底に沈殿している場合があるので、小分けする前にボトルを振って攪拌するのも忘れずに。調色した染料の濃さを確認する際には、白いキッチンペーパーに染み込ませると分かりやすい。

>>

変色したスエードレザーの染め直し

塗料（顔料）とは全く異なる塗り心地も面白い

スエードダイを使用するレストア術は、ペイントではなく染め直しである。いわゆる塗料とは異なる特性を有しているので、作業を進めながらレポートしていこう。スエードレザーの染め直しを行う際には、作業前にアッパー全体にブラシをかけておく必要がある。スエードレザーのブラッシングは素材のホコリを落とすだけでなく、表面を起毛させ、発色の状態を確認しやすくする効果を生むのだ。ブラッシング時に使用するブラシに特に指定は無いものの、可能であればスエード用のシューズブラシとして販売されているタイプを使用してあげたい。

05 PUMA SUEDEのアッパーに、調色したスエードダイを塗布していく。その感覚はペイントで地色を隠す類ではなく、スエードに染料を仕込みませる感覚と表現すれば伝わるだろうか。作業時にも筆にたっぷりとスエードダイを含ませて、スエード革に押し当てる位の力加減で丁度良い。

06 スエードダイを塗布した表面を確認すると、一般的な塗料とは異なり、筆を当てた部分からグラデーションを描くように染料が広がっているのが分かるだろうか。また染料であるスエードダイが調色通りに素材を染めていくので、余程粗い作業で無ければ色ムラになる心配も無いのだ。

07 黄色く変色したつま先部もスエードダイで染めていく。染料は地色を覆い隠すのではなく素材自体を染めるので、変色が残ったままピンク味が強くなったような仕上がりとなる。完璧な新品状態を欲するならば不満が残るかもしれないが、桜色のような淡い色で変色箇所を完全にリカバリーするのは難しい。

08 淡いカラーのスエードダイで染め直せるのは、スエード素材やヌバックのみと考えて差し支えない。PUMA SUEDEのサイドパネルに配されたプリントやステッチ糸は、スエードダイを塗っても色は変わらない。小さな文字がプリントされるPUMA SUEDEにとってはポジティブな特性と言えるだろう。

染め直したスエードレザーの仕上げ

染め直しが完了したらブラッシングで毛並みを整える

今回の作例ではスエードダイの扱いに慣れた職人が担当し使用する染料も薄めているため、色移りのリスクが低いと判断し、ソール等にマスキング処理を行っていない。但し筆の扱いに慣れていない人や濃い色のスエードダイを使用する際には、染めたくない部分にマスキングテープを貼って保護するのが前提になる。スエードダイよりも濃い染料であるAngelusの「レザーダイ」は、ラバー製のAJ1のアウトソールをも染める力がある。スエードダイで染め直しを行う際は、自身の技量と相談し、少しでも不安があればマスキングを施す事をお勧めする。

09 今回の作例のように薄く調整したスエードダイでは表革（スムースレザー）を染め直す事は出来ないので、色を変えるアプローチは行わず、そのまま残す事にした。桜の染料で染めたスエードレザーに比べ、表革のパーツは色褪せする速度が緩やかなので、特に手を加えずともバランス良く仕上がるのだ。

10 シュータンに縫い付けられるタグも表革なので、元のカラーのまま残している。表革のパーツをスエード部と完全に同じカラーに染めるには、より強い染料のレザーダイが必要になる。但しレザーダイは濃色のラインナップになるので、淡い桜色を再現するのはハードルの高い作業になるだろう。

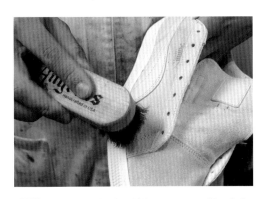

11 スエード素材の染め直しが完了したら、スエード用のブラシで毛並みを整えてやる。スエードダイが乾燥していないままブラシをかけると染料が飛び散るので注意しよう。速く乾燥させるためにヒートガン等で高い熱を加えると、せっかく染め直した箇所が変色する場合があるので焦りは禁物だ。

12 PUMA SUEDEの染め直しレストアのビフォー＆アフター。染め直す前の色調を感じさせながら、桜色を連想させる淡いピンクを蘇らせている。染料は経年劣化で色褪せる特性を持っているので、使い込む程に、染めていないパーツと馴染んでいく。履いて育てる楽しみのあるレストアスニーカーだ。

Complete
RESTORE SKILL

完成

染め直ししたスニーカーはオリジナルカラーに敬意を表す仕上がりが楽しめる

スニーカー用塗料のトップブランドであるAngelusが提案するスエードダイは、素材の再染色というアプローチが知られるトリガーになったアイテムだ。国内で本格的に展開されるようになったのは2020年の後半からと歴史が浅く、今回のレポートで初めてスエードダイを

知った人もいるだろう。スニーカーの素材そのものを染めるスエードダイはカラーチェンジカスタムでも利用されているが、スエードレザーの地色を活かし、オリジナルカラーに寄せた見た目を回復したいと考えるファンにとっても、最良のレストア手法になり得るだろう。

SHOP INFORMATION

スニーカーアトランダム高円寺店

〒166-0003
東京都杉並区高円寺南3-53-8
TEL:03-5913-7690
営業時間:11:00〜19:00
定休日:毎週水曜(不定休日あり)

https://sneaker-at-random.com/

初心者でも楽しめる気軽さで
大きな効果が得られるスエードダイ
新しいレストア用品を
どう使いこなすかが試されている

RE DYE
PUMA JAPAN SUEDE SAKURA

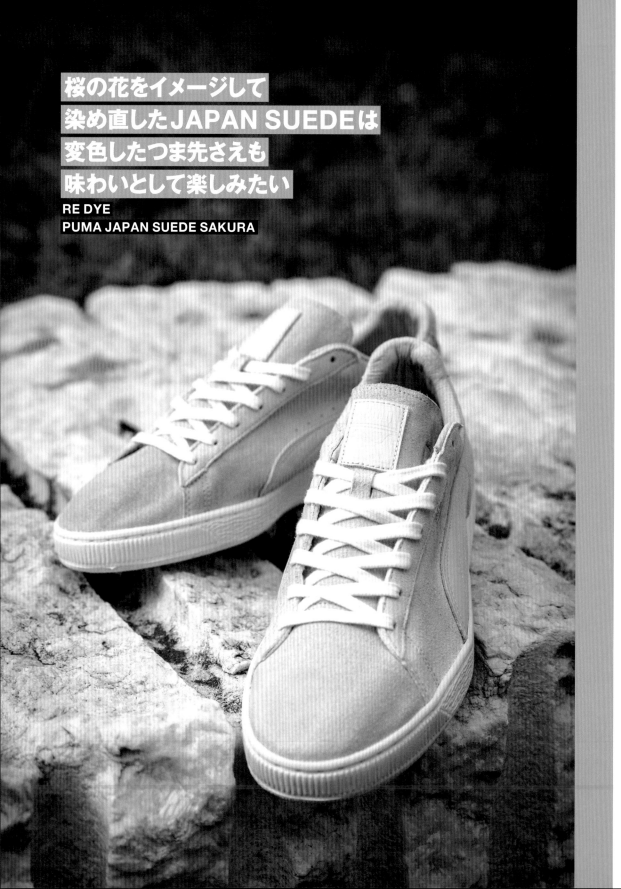

桜の花をイメージして
染め直したJAPAN SUEDEは
変色したつま先さえも
味わいとして楽しみたい

RE DYE
PUMA JAPAN SUEDE SAKURA

#03
SOLE
REPAIR

NIKE
BIG NIKE
HIGH

発売されたばかりの
ヒールを保護するガジェットを
リペアで使ってみたら
思った通り最高だった

CASE STUDY #03

SOLE REPAIR/ソールリペア »
NIKE BIG NIKE HIGH

スニーカーファンがプロデュースしたプロテクトツールは
ソールのリペアもアップデートしてくれた

P.012でも紹介した、AIR JORDAN 1やDUNKのアウトソールを保護する「Forefoot Heel Protector 守」を
手にした時、これを使用すればホールのヒール部が削れたスニーカーをリペアできるのでは？
と、考えたスニーカーファンも少なくないだろう。そのアイデアはプロショップの職人も閃いていたようで、
Forefoot Heel Protector 守のディテールを活かしたリペアレシピが取材できる事となった。
ここからはあえてAIR JORDAN 1やDUNKではなく、DUNKと同じソールパターンを持つ
BIG NIKEの復刻モデルをリペアベースにセレクトして、削れたアウトソールのヒール部を整形し、
Forefoot Heel Protector 守レストアする工程をレポートする。

取材協力：スニーカーアトランダム本八幡

リペアベースの確認

DUNKと同じソールを使用したオールドスクール系バッシュの隠れた名作

ここからレポートする作例のリペアベースはBIG NIKE の復刻モデル。そのオリジナルは1985年に発売された、AIR JORDAN 1やDUNKと同世代のオールドスクール系バッシュだ。最大の特徴はモデル名の由来にもなったヒール部のNIKEロゴだが、オリジナル発売当時からDUNK とソールユニットを共有していた事でも知られている。そしてForefoot Heel Protector 守はAJ1やDUNKのソールに合わせてデザインされている。ならばBIG NIKEのヒール部のリペア素材としても活躍してくれるハズ。そうした経緯でこのバッシュをセレクトしている。

01 このBIG NIKEは2009年の復刻モデル。発売から既に10年以上の時間を経ているが、アッパー側は着用時につきものものダメージが入っているものの、着用に不向きな箇所は見つからない。近年のオールドスクール系バッシュ人気もあり、ストリートシーンで活躍してくれそうなスニーカーだ。

02 良好なアッパーのコンディションに対し、アウトソールのヒール部分は磨り減り、白いミッドソール部が僅かに顔を覗かせている。これはオールドスクール系バッシュで良く見られるダメージで、使い込み具合のバロメーターとも言える。だが見た目も悪く、スニーカーファンのテンションを下げる症状だ。

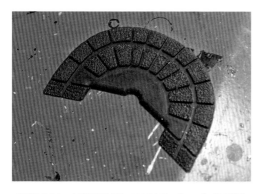

03 このヒール部の減りをリペアするには、シューグー等の補修剤を盛るのが一般的。ただ、その方法ではソールのディテール感まで再現するのは難しい。そこで期待を寄せるのがForefoot Heel Protector 守。ラバーに刻まれたディテールを活かし、ヒール部をリペアするとどうなるだろうか。

04 このBIG NIKEのサイズは28.5cm。ソールがDUNKと同じであればMかLサイズが推奨になるが、万が一サイズが小さいとリペア的に都合が悪いので、あえて大きめのXLサイズを用意している。実際にアウトソールのヒール部に合わせて確認しても、特に大きすぎる事も無さそうだ。

削れたヒール部の加工

ヒール部に"守"を埋め込んで疑似的にディテールを再現する

今回のリペアにおけるコンセプトは、Forefoot Heel Protector 守の厚さに合わせてヒールを削り、そのスペースに"守"を埋め込んで、疑似的なアウトソールを整形するもの。シューグー等を使用したリペアでは得られない、ディテール感の再現が目的だ。"守"はNIKEのソールをコピーしたものでは無く、AJ1やDUNKのディテールに敬意を表したオリジナルデザインを採用しているので、パーツの合わせ目等にギャップが生じる可能性もある。このレストアでは"守"を埋め込んだ際の仕上がりと、そこにギャップが生じるのかについても検証する。

05 用意したBIG NIKEのヒール部は、着用時のダメージにより斜めにアウトソールが削れていた。それでも極端な減りでは無かったため、削れた深さに合わせるようにアウトソールを整形すれば、丁度"守"が収まる深さに整うと予想できる。その状態を確認し、早速アウトソールの整形を進めていく。

06 "守"の形状に合わせ、ヒールの削れた深さで平面になるようにアウトソールを削り、パーツを取り付けるスペースを作り出す。そのガイドラインとなるように、ソールに"守"を乗せ、ディテールに沿うように銀ペンでガイドラインを書き込んでいく。同様の作業を反対足のヒール部でも実施しよう。

07 実際の"守"を型紙に使い、アウトソールにガイドラインを書き込んだ状態。元々DUNKのソールに取り付けやすいように設計されたパーツだけに、同じソールを使用したBIG NIKEでも、削り込む位置をアウトソールパターンと連動させる事が出来そうだ。この段階でリペアの成功が予感できる。

08 ソールを整形する位置が確認できたら、アウトソールのラバーを削っていく。先ずはハンディルーターを使用して、DUNK系ソールの特徴である突起状のディテールを削り落とす。このアウトソールに使われるラバー素材は硬さがあるので、ハンディルーターもパワーが出るタイプを用意したい。

>>

パーツを接着する面の削り出し
ダメージが進み過ぎる前段階でのリペアが効果的

パーツを取り付ける端にあたる部分のラバーを削り"守"の厚さとのバランスを確認したら、アウトソールのサイドにダメージで削れたヒール部に向かって直線のガイドラインを引く。このガイドラインに沿ってソールを削り、パーツを接着するフラットな面を作り出す。文字にする

と分かりにくいので、個別の画像解説を参照頂きたい。このBIG NIKEは比較的ソールの減りが浅く、ソールを削るだけでパーツを取り付けることができるが、酷くソールが削れている場合には別パーツのラバーを貼り、形状と高さを整えてから作業する必要が生じるだろう。

09 "守"の厚さを参考に、ガイドラインに沿ってアウトソールを約3mm削り込む。この削った部分を起点にして、パーツを貼り付けるフラットな面を作り出すのだ。ヒール側が大きく削れている場合には、欠損したパーツを別のラバーで作り直す必要があるため、より手間の掛かるレストアになるだろう。

10 アウトソールのサイド部分に、削り取る深さの目安となるガイドラインを銀ペンで記していく。取り付ける"守"の素材に柔軟性があるので多少の歪みは許容できるが、接着面が平面に近いほど接着がしやすく、美しく仕上がるのは言うまでも無い。このガイドラインは完成度を高めるための道しるべなのだ。

11 サイド部に描いたガイドラインを参考に、シューマシンと呼ばれる靴修理用の機械でアウトソールを削っていく。個人でシューマシンを購入するのは無理があるので、平らな添え木に巻いたサンドペーパーやハンディルーターを用いて、フラットな仕上がりを意識しながらアウトソールを削っていく。

12 アウトソールのヒール部に"守"を接着する面を整形した状態。ラバーを削った際に表面が荒れているが、接着剤が食いつきやすくなるメリットが生じている。手作業でラバーを削るのは相応の労力が必要になるものの、画像のコンディションを目標に、時間を掛けてアウトソールを整形しよう。

>>

接着面の下地処理

ヒール部に取り付ける"守"の接着面にもヤスリを掛ける

ヒール部に整形した面に"守"を合わせ、パーツの収まり具合を確認する。そこで問題無ければ直ぐにでも接着したくなるが、パーツを取り付ける前の大切な作業を忘れてはならない。この工程でレストアのパーツとして使用するForefoot Heel Protector 守は、両面テープでヒールに貼り付けるアイテムだ。今回の作例では両面テープではなく、スニーカー用の接着剤でアウトソールに取り付けるため、接着面の下地処理を行うのが必須になる。素材を考えると下地処理を省いても接着は可能なのだろうが、丁寧な作業は仕上がり時の安心感につながるのだ。

13 ヒール部のビフォーアフター。元のアウトソールにあったディテールが削り取られ、表面が完全にフラットに仕上げられているのが分かる。個人で対応するレストアとは道具が違うとはいえ、その精度の高さはプロの仕事に相応しい。この状態であれば接着時にも高い強度が確保できるだろう。

14 この BIG NIKE ではヒール部のダメージが比較的軽微だったので、アウトソール面を削るだけで次の工程に進む事ができた。ヒール部のダメージが大きい場合にはレストアできないという意味ではなく、削れた部分にラバーを貼り重ね、ソールの高さ(厚さ)をリカバリーすれば同様のリペアが行える。

15 接着前に再び"守"を取り付ける位置に置き、不具合があればこの段階で修正する。仮に"守"のサイズ選びを誤ってパーツの縁がソールからはみ出ている場合には、ヒールの形状に合わせ、はみ出た部分をハンディルーターで削ってやれば問題ない。トラブル時のリカバリーも腕の見せ所だ。

16 パーツに修正すべき箇所が見つからなければ接着工程に進んでいく。着用時に負荷の掛かるヒール部のレストアなので、高い接着強度が必須だ。接着剤の食いつきを良くするには、サンドペーパー等で"守"の接着面にヤスリを掛け、表面を僅かに荒らすひと手間が効果を発揮する。

>>

接着面のプライマー処理
素材に対応したプライマー選びに注意

接着面の下地処理が完了したら、ソールとパーツの双方にプライマーを塗布していく。ヒールは着用時に最も負荷が掛かるポイントだ。履き込んだオールドスクール系のバッシュにヒール部が削れている個体が多いのも、そこに掛かる負荷の大きさを証明している。この部分に新たなパーツを取り付けるのだから、高い接着強度が必要なのも理解できるハズ。そしてスニーカー用のプライマーは素材と接着剤の食いつきに働きかけ、高い接着力を引き出す為に塗布するもの。素材に対応したプライマー処理は、ここでレポートするリペア手法には必須なのだ。

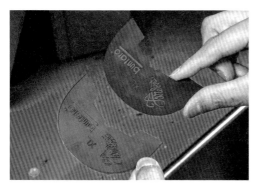

17 "守"の接着面にヤスリをかけたビフォーアフター。適度な表面の荒れ具合が、高い接着力を引き出してくれる。また新品状態の"守"で確認できる、パーツの縁部分にある僅かな段差も全体がフラットになるよう整形している。細かい部分ではあるものの、リペアの精度を高める大切なポイントだ。

18 ソールと"守"の双方で、接着面にラバー素材に対応したプライマーを塗布していく。スニーカー専用品として発売されているプライマーには対応する素材が設定されているが、ここでレポートする作例ではラバー素材同士の接着工程になるので、同じタイプのプライマーを塗っていこう。

19 "守"の接着面にもプライマーを塗っていく。ブラックのラバーパーツは表面を荒らすと若干白っぽくなる特性があり、そこにプライマーを塗ると光沢のあるブラックが復活するので塗った場所を確認しやすいだろう。それでも塗り忘れが心配ならば、乾燥後に二度塗りしておくと安心だ。

20 スニーカー用のプライマーの多くは塗った後に乾燥させ、表面の乾燥を確認してから接着剤を塗り重ねる特性を有している。乾燥する前に接着剤を塗ると、接着力を高める効果が低下するので、塗布した箇所を指で触り、プライマーが指に付着しないレベルまでしっかりと乾燥する必要がある。

>>

スニーカー専用接着剤を塗る

身近な接着剤とは異なる使い方に注意しよう

RESTORE
SKILL

接着面に塗布したプライマーを乾燥させたら、スニーカー専用の接着剤を塗っていく。スニーカー専用接着剤は一般的な接着剤とは異なり、塗布面を乾燥させてガムテープやステッカーの接着面を連想させる状態にして貼り合わせるもの。以前は海外から個人輸入するしか無かったが、ここ数年で国内のメーカーから発売されるようになり入手も容易になっている。表面が乾燥する前に貼り合わせるタイプに比べ、接着後に何時間もパーツを圧着し続ける必要が無いので、現在ではスニーカーのリペアには欠かせないアイテムとして広く普及している。

21 ここで使用するスニーカー専用接着剤は塗布した面を貼り合わせるタイプなので、ソールとパーツ双方の接着面にしっかりと塗っていく。片方のパーツに接着剤を塗るだけでも仮止め程度の接着強度は確保できるものの、実用的な接着強度には程遠い仕上がりとなる。手間を惜しまず作業しよう。

22 フラット状に仕上げたヒール部に、筆や小型のハケを使って接着剤を塗布していく。接着強度が求められる箇所のレストアなので、塗り残しには極力注意したい。この際に筆を動かす方向を変え、二度塗りする要領で塗布すると塗り残しやムラが出るリスクが軽減するのでお勧めだ。

23 "守"の接着面にスニーカー専用接着剤を塗る。取材したプロショップでは接着剤用の筆を使用しているが、市販されているスニーカー専用接着剤の多くは、スクリュー式の蓋の裏に小型の筆が装着されている。簡易的な筆ではあるが、ヒール部に塗る程度の作業であれば問題なく使用できるハズだ。

24 双方の接着面にスニーカー専用接着剤を塗り終えたら、ガムテープの接着面をイメージさせる状態まで乾燥させる。乾燥時間は作業環境で異なるが、最低でも1時間から2時間程度乾かす必要がある。風通しが良く、接着面にホコリ等が付着しない場所でゆっくりと乾燥させていこう。

>>

ヒールに Forefoot Heel Protector 守を接着する

ラバーに刻まれた溝を参考にして接着位置を確定する

貼り合わせる双方に塗布した接着剤の乾燥を確認したら、いよいよ"守"をアウトソールに接着する。乾燥させた後に貼り合わせるタイプのスニーカー専用接着剤は、接着面が触れた瞬間から強力な接着強度を発揮してくれる。その特性からパーツを固定した後に位置を微調整するの

が難しいので、貼り合わせ時の位置決めが、出来上がり時のクオリティを決定すると評しても過言ではない。何度もパーツを貼り合わせるプロショップの職人でも緊張すると話していた、今回のレストア工程の山場である。いつもよりも更に集中して作業に挑もう。

25 接着剤を塗布した面に直接触れ、ガムテープのような粘着性のある手触りになりつつ、手に接着剤が付着していなければ準備は完了。塗り残しが心配な場合は接着剤を二度塗りして、再びこの状態になるまで乾燥させる。ここから急ぐ必要は無いので慎重にパーツを貼り合わせよう。

26 "守"は NIKE のソールを単純にコピーしたアイテムでは無いが、ヒール側の先端（カーブの頂点）に刻まれた溝は NIKE のソールと連動している。今回の作例ではヒールの側面にアウトソールの名残りがあった為、溝の位置を合わせるだけで簡単に取り付け位置の中心を決めることが出来た。

27 ヒールの先端部分で位置を決め、土踏まず側の段差に"守"のエッジを合わせるように貼り付けたら、台金と呼ばれる古くから靴修理に使われている工具を使って接着部分を圧着する。台金はネットショップでも購入可能だが、靴底面がフラットなタイプはスニーカーには向いていないので注意。

28 今回取材したプロショップの職人は、シューハンマーを押し付けて仕上げていた。このシューハンマーもネットショップで購入できるが、稀にヨーロッパで使われていたアンティーク品が販売されている事がある。アンティーク品も機能面では問題が無いので興味があれば探してみよう。

貼り合わせたパーツのエッジを微調整する

アウトソールの形にコダワリの微調整を実施する

当初の目的だったアウトソールのヒール部に"守"を取り付け、磨り減ったソールのディテール感を復活させるレストアは滞りなく完了した。ただ、リペアの素材として選んだ"守"がオフィシャルの指定よりも大きかった為、アウトソールの一部からわずかにラバーがはみ出す

状態に仕上がっていた。リペア工程の冒頭でサイズの相性を確認した際には殆ど気にならなかったものの、作業を進めて正確な位置に取り付けた結果、わずかなサイズの違いがディテールのギャップとして表れたのだ。ここではみ出した部分の微調整を行っていく。

29 今回の作例でオーバーサイズの"守"を取り付けた結果、アウトソールのエッジがカーブする部分でわずかにラバーがはみ出す仕上がりになってしまった。はみ出た幅が僅かなので実用面では問題は無いが、プロショップの職人はこの部分を削り、微調整する工程を選択している。

30 シューマシンのグラインダーをはみ出したラバーに当て、アウトソールのラインをトレースしながら削っていく。個人で同様の作業を行う際は、ハンディルーターを使用すると良いだろう。今回の作業ではみ出した部分は僅か数ミリのレベルなのだが、プロショップの職人は妥協を許さない。

31 シューマシンで微調整した面にクリーニングを施し、アウトソールを削る際のガイドラインも消す目的で、生ゴムのシートをソールのサイド部に当て消しゴムのようにする。生ゴムは余分な接着剤も絡め取ってくれる優れもの。スニーカーのリペア作業では何かと役に立ってくれるアイテムだ。

32 全ての工程を終えたら仕上がりを確認。最後に微調整したラバーがはみ出していた箇所も、アウトソールのディテールに馴染んでいる。スニーカーのリペアとしては初心者向きのレシピではあるものの、作業の精度を確保するポイントを押さえれば、その仕上がりは素晴らしいものになるだろう。

Complete

RESTORE SKILL 5

完成

オールドスクール系バッシュらしさを醸し出すアウトソールが復活

レストアベースに選んだBIG NIKEだけでなく、AIR JORDAN 1やDUNKの愛好家を悩ませるヒール部の磨り減り。その悩みを解決する事を目的に、最新のプロテクターをリペア素材に活かしたレシピをレポートした。このレシピを自身のお気に入りで実行するのは勿論だが、古着屋やリユースショップで格安で売られているバッシュの一部に応用可能なのも見逃せない。今のところ "守" は1タイプのデザインしか発売されていないため応用範囲が限られるが、人気の高いAJ1とDUNKに使えるテクニックとして習得して損はないハズだ。

SHOP INFORMATION

スニーカーアトランダム本八幡店

〒272-0021
千葉県市川市八幡2丁目13-12
TEL：047-704-9626
営業時間：11：00〜19：00
定休日：毎週火曜

https://sneaker-at-random.com/

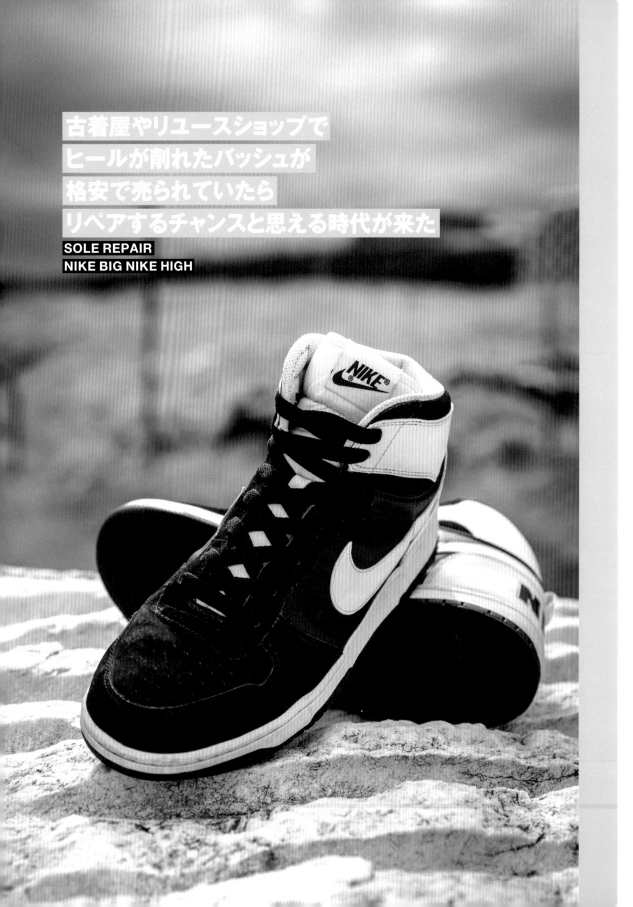

古着屋やリユースショップで
ヒールが削れたバッシュが
格安で売られていたら
リペアするチャンスと思える時代が来た

SOLE REPAIR
NIKE BIG NIKE HIGH

コラボモデルと呼ばれる
スニーカーには契約の関係で復刻が
望めないモデルが存在する
そうしたモデルをリペアした1足は
他には代えられない宝物になる

CASE STUDY
#04
SOLE
SWAP
NIKE
AIR MAX 95
"JUVENTUS"

CASE STUDY
#04
SOLE SWAP/
ソールスワップ

SOLE SWAP/ソールスワップ »
NIKE AIR MAX 95 "JUVENTUS"

復刻される可能性が極めて低いAIR MAX 95で
ソールスワップの基本を知る

多くのスニーカーファンにとって特別なスニーカーであるAIR MAX 95。
1990年代後半のハイテクスニーカーブームを経験した世代は勿論、
近年では日本のスニーカーカルチャーを反映した復刻モデルが、若い世代のスニーカーヘッズも刺激し続けている。
そして数多くのAIR MAX 95バリエーションの中でも知名度が高く、
なおかつ契約上の問題で復刻される可能性が極めて低いと言われているのが、
イタリアの名門サッカークラブ「ユヴェントスFC」とのコラボモデルだ。ここからはAIR MAX 95 "JUVENTUS"を
リペアベースにセレクトして、クラフトマンが身に付けるべきソールスワップの基本工程をレポートする。

取材協力：スニーカーアトランダム本八幡

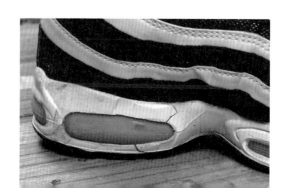

Start

REPAIR SKILL

リペアベースのコンディションを確認

加水分解したミッドソールは決して元に戻らない

経年劣化が進んで破壊されたソールユニットを、他のスニーカーから取り外したソールに交換する「ソールスワップ」。その言葉はAIR MAX 95を使用した作例がSNSで共有され、広く知られるようになった経緯がある。その根底にはAIR MAX 95自体の人気が高い事。ソールを取り外す復刻モデルが豊富にラインナップされている事。そして加水分解したミッドソールは、決して元に戻らないという事実が存在する。履けなくなったお気に入りのAIR MAX 95をもう一度履くならば、ソールスワップは最良の選択肢と評しても過言ではないのだ。

01 リペアベースは、2003年に発売されたユヴェントスFCとのコラボモデル。NIKEとユヴェントスFC間での契約状況から、復刻が絶望視されているAIR MAX 95のひとつ。ここではアウトレットで格安で購入した復刻モデルを用いたソールスワップの手順を紹介する。

02 ソールユニットのコンディションはご覧の通りの酷い有様だ。ミッドソールは加水分解でヒビが入り、エアバッグは完全に変色している。いずれの症状も素材そのものの経年劣化なので、決して元に戻る事は無い。このユヴェントスをもう一度履くならば、ソールスワップが定番の手法だ。

03 アッパーのコンディションが比較的良好なのに対し、ソールユニットの劣化が著しいのが分かるだろうか。このエアユニットは変色しているだけでなく、素材の柔軟性が失われ、硬化が進んでいる。この状態で着用した場合には、乾いた薄いパスタのように砕け散ってしまう事が予想される。

04 今回ソールを取り外すのは、2021年5月にアウトレットで約9000円にて購入した復刻モデル。価格だけを考えればもう少し安いモデルもあったのだが、ソールユニットの配色を考えると、このモデルからソールを取り外すのがベストと考えた。先ずはこのAIR MAX 95からソールを外していこう。

>>

REPAIR SKILL

交換用ソールユニットの取り外し

プロショップが効率優先でソールを外すとこうなる

アウトレットで購入した新品のAIR MAX 95から、ユヴェントスへと移植する新品のソールユニットを取り外す。ここで紹介する作例の取材を依頼するにあたり、ソールを取り外す側のアッパーを再利用する予定は無い旨を伝え、外す側のダメージは考慮せず作業スピードを最優

先でと伝えている。スワップ用のソールユニットを取り外す新品のスニーカーは、パーツの接着強度が高く、作業工程の中でも最も高いハードルだと認知されていた。今回取材を依頼したジャンクヤード本八幡店では、どのような手順でソールを外しているのだろうか。

05 アウトレットで購入したAIR MAX 95からインソールとシューレースを外し、シンクに置く。その準備が整ったら、沸騰したばかりの熱湯をシューズの内側に一気に注ぎ込む。スニーカー用の接着剤は高い熱を加えると接着力が低下する。熱湯を注ぐとソール全体に素早く熱を加えられるのだ。

06 シューズに注いだ熱湯を捨て、履き口からアセトンを注ぎ込む。アセトンは接着剤を剥がす溶剤として広く知られ、個人のリペアでも重宝されているものの、この量を注ぎ込む発想は持ち合わせていないハズ。何より臭いがかなり強い溶剤なので、自宅では大胆な量のアセトンを注ぎ込むのは厳しいだろう。

07 熱湯とアセトンの効果が現れ、ソールが剥がれ掛けてアッパーとの間に隙間が出来ていた。その状態を見逃さず、細いノズルを装着した容器に移したアセトンを、これでもかと隙間に流し込んでいく。アセトンを注入しながらアッパーにテンションを掛けると、その隙間がみるみるうちに広がるのが分かる。

08 シューズの後半部でソールが剥がれたら、ヒール部のパーツを掴んで作業を加速させる。この時にも常に接着部分にアセトンを注入し続けている。アセトンで接着力を弱めずに無理にソールを剥がすと、素材の一部がアッパー側に持っていかれるリスクが生じる。大胆ではあるが理にかなった作業なのだ。

>>

リペアベースのソールユニットの取り外し

加水分解したソールは簡単に外れてしまう

交換用の新品ソールを外し終えたら、リペアベースとなるユヴェントスのソールも剥がしていこう。スニーカーファンなら経験した事があるかもしれないが、加水分解したミッドソールはボロボロと崩れるような状態になっている。故にソールを外すという作業自体は特別な工具や溶剤

等を準備する必要は無く、軽く力を加えるだけで簡単にソールが剥がれてくれる。この工程ではソールを剥がす心配よりも、作業時に大量に飛び散る劣化したウレタン対策を優先すべき。作業を行う場所はもちろん、着ている衣服にも予想以上に飛び散ってしまうので注意したい。

09 交換用のソールを剥がし終えた。あまりにもスピードが早く正確な時間を確認しなかったが、片足で10分掛かっていない印象だ。何足のAIR MAXのソールを剥がせば、ここまで作業効率を上げることが出来るのかと聞きたくなる。剥がしたソールは、後の工程で改めて接着面をクリーニングする。

10 それに対してユヴェントスのソールユニットは、剥がすと言うよりも、手に持つだけで勝手にソールが剥がれてしまった。ソールスワップの作業アプローチには、アウトソールやシャンクパーツを再利用し、ミッドソールのみ交換する手法もあるが、今回はシンプルに新しいソールユニットを取り付けていく。

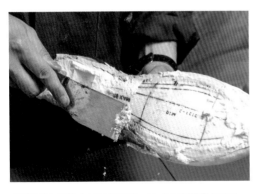

11 加水分解したAIR MAXでは、ソールを外す作業よりもアッパーの底面にこびり付く劣化したウレタンを取り除く作業に時間が取られるハズだ。新品ソールと同様に後の工程で丁寧にクリーニングを施すので、この段階ではスクレーパー等を使用し、ザックリとウレタンを除去する程度で問題ない。

12 ユヴェントスのソールを取り外した状態。ごく短時間だったにも関わらず、レストアベースとなるアッパーと、取り付ける新品のソールユニットが揃ってしまった。この勢いを後の工程に活かしたい気持ちになるが、この後には接着面をクリーニングする作業が待っている。時間よりも精度が求められる工程だ。

アッパー側接着面のクリーニング

劣化したウレタンと接着剤を削り落とす

アッパーからソールを取り外したら、劣化したウレタンや接着剤を取り除く。取材したプロショップではシューマシンと呼ばれる靴修理用の機械を使用しているが、個人で劣化した素材のクリーニングを行う際は、サンドペーパーやハンディルーターを活用する。ハンディルーターは100均ショップでも手芸用として販売されているものの、それらの多くは靴底のような広い面を処理するには適していない。スニーカーのレストア用に購入するならばホームセンター等で回転速度が調整可能で、コンセントを使用する（充電式ではない）ハンディルーターを選びたい。

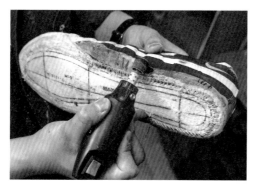

13 ハンディルーターでアッパーのサイドパネルに巻き上がった部分のクリーニングする。この巻き上がり部分はスニーカーを着用する際に大きな負荷が掛かるので、接着強度が不十分だと履いた際の衝撃で剥がれ、隙間ができやすくなる。接着面の下地作りは接着強度の確保には欠かせない。

14 プロショップでは劣化したウレタンや接着剤をクリーニングする際、靴修理用の機械であるシューマシンを利用して、手早く劣化した素材を削り落としている。劣化したウレタンや接着剤が接着面に残っていると、スワップ時の接着強度が著しく低下する。精度の高いクリーニングが必要だ。

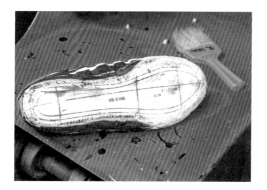

15 サンドペーパーやハンディルーターで劣化した素材をクリーニングする工程では、画像のようなコンディションを目指したい。サンドペーパー等を使用したクリーニングでは、劣化した素材の除去と同時に、接着面を荒らして接着剤の食いつきを向上させる効果にも働きかける、一石二鳥の作業になる。

16 クリーニングの仕上げに、アセトンを含ませたウエスで接着面を拭き上げる。もしもアセトンが手に入りにくい場合は、除光液にアセトンが含まれているタイプがあるのでそちらで代用する事も可能。但し純粋なアセトンの方がクリーニング効果は高く、コストパフォーマンスでもアセトンを購入する方が割安だ。

ソール側接着面のクリーニング
サンドペーパーやルーターで交換用ソールの下処理を実施

アッパーのクリーニングが完了したら、アウトレット購入品のAIR MAX 95から取り外したソールの接着面をクリーニングする工程に進もう。取り外した新品同様のソールユニットはクリーニングの必要性を感じないかもしれないが、その接着面には硬化した接着剤がベッタリとこびり付いている。この硬化した接着剤もスワップ時の接着強度を低下させる原因となるので、アッパーと貼り合わせる前に完全に除去しなくてはならない。プロショップの職人による手順を参考に、接着面の手触りが滑らかになるまでしっかりとクリーニングを行っていこう。

17 交換用に取り外した新品同様のソールユニットは、このままアッパーに取り付けても問題なさそうに見える。画像では伝えづらいが、その接着面を触ると表面が滑らかでは無く、デコボコしたような手触りになっているハズ。それはソールにこびり付いた硬化した接着剤の感触だ。

18 スワップ時の接着力を低下させる原因となる硬化した接着剤。ソールの再接着工程に進む前に、サンドペーパーやハンディルーターで完全に除去しよう。特にソールの縁やサイドに巻き上がる箇所のコーナーは、処理忘れが多発しがちな危険エリアなので注意。

19 ハンディルーター等で硬化した接着剤を削り落としたら、アセトンを含ませたウエスで細部を拭き上げていく。メラミンスポンジとアセトンの組み合わせも、接着面の仕上げクリーニングには効果的。ルーターで無理に削るよりもソールを傷めにくい。

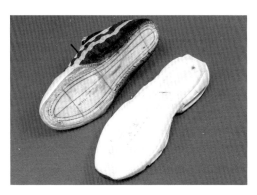

20 アッパーとソールの接着面をクリーニングし終えた状態。過去にはこの状態まで作業するのに半日以上掛かるケースも珍しくなかった事を考えると、リペア技術の進歩を改めて実感する。ソールスワップのハードルが増えれば、壊れたAIR MAXをリペアして履くファンも更に増えるだろう。

RESTORE SKILL

接着面のプライマー処理

接着剤が素材に食い付く効果に働きかけるプライマーを塗布

クリーニングした接着面にプライマーを塗っていく。スニーカーのリペアで使用するプライマーは、接着面の下地を作るもの。素材に適したプライマーを塗ると接着剤の食いつきが良くなるので高い接着強度が得られるのだ。但しプライマーには対応する素材が設定されているので、

この相性が悪いと接着強度が向上しないだけでなく、接着力を低下させる場合もあるので注意が必要。今回の作例では、スニーカーアトランダムが展開するオリジナルブランド「ARATA（アラタ）」から発売されている「Primer 1st」と呼ばれるプライマーを使用した。

21 アッパーとソールを仮合わせして、サイズの相性を確認する。1985年のオリジナル発売以来、多くの復刻モデルが展開されるAIR MAX 95はデザインが同じように見えるソールでもサイズが異なるケースが珍しくない。今回用意したAIR MAX 95では、同じサイズ表記の組み合わせで問題無さそうだ。

22 プライマーには、対応する素材が個別に設定されている場合が殆どだ。購入する際には、必ず対応素材を確認しよう。またスニーカー専用接着剤の中にはプライマーを必要としないタイプもあるので、それぞれの、接着剤の特性を確認するのもお忘れなく。

23 接着面にプライマーを塗っていく。ARATAのプライマー（150gタイプ）には蓋の裏に簡易的な筆が付いているので、その筆を使って塗る事も可能。ただ小さな筆で靴底前面を塗るのは大変なので、100均ショップなどで使い捨てても惜しくない筆を何本か用意しておくと作業効率が向上する。

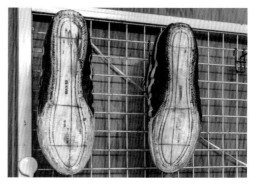

24 スニーカー用のプライマーは、乾燥させてから接着剤を塗り重ねるのが基本。接着面の全てに塗り終えたら風通しの良い場所で乾燥させ、余裕があれば二度塗りして再び乾燥させると安心だ。塗った面を指で触り、乾燥した状態を確認したら、アッパーに接着剤を塗る工程に進んでいく。

接着面にスニーカー専用接着剤を塗布する

スニーカー専用接着剤は表面を乾燥させてから貼り合わせる

アッパーとソールの接着面にプライマーを施し、表面の乾燥を確認したら、続いて接着工程に進んでいく。スニーカー専用品として発売される接着剤は、一部を除き、表面を乾燥させてから貼り合わせる特性を有している。一般的な接着剤とは異なる特性なので違和感を覚えるかも

しれないが、スニーカー専用接着剤は乾燥するとガムテープの接着面に似た手触りに仕上がる。ガムテープの接着面を貼り合わせ、圧着させた状態をイメージすると分かりやすいだろうか。スニーカー専用接着剤を正しく使えば、貼り直しが困難になる程の接着力を発揮する。

25 アッパーと同様にソールの接着面に素材に対応するプライマーを塗り、しっかりと乾燥させる。その乾燥を確認したら、いよいよスニーカー専用接着剤の出番だ。今回の作例ではARATAから発売されているスニーカー用接着剤、Glueを使用。市販品と同じ特性の接着剤を使って作業を進めていく。

26 筆を使ってソールの接着面全体にスニーカー専用接着剤を塗っていく。接着剤は無色に近いので、塗り広げるとソールのカラーに馴染んで目立たなくなる。塗り忘れた箇所は接着力がゼロになるので、光沢の違いで塗った場所を確認しつつ、塗り残しが無いように注意して作業を進めよう。

27 アッパーに塗ったプライマーが乾燥していたら、ソールの接着剤を乾燥させる時間を利用して、こちらにも接着剤を塗ってしまおう。ARATAブランドから発売されているスニーカー専用接着剤は、問題なくAIR MAX 95のアッパーにも使用可能。側面の接着剤跡のラインまで、丁寧に塗っていく。

28 それぞれのパーツに接着剤を塗布したら、プライマーと同様に風通しの良い場所で乾燥させる。塗り残し無く作業していれば二度塗りの必要は無いものの、人の手による作業では絶対は無いのはご存知の通り。高い接着強度を確保する観点から、接着剤は二度塗りする事を推奨する。

RESTORE SKILL

アッパーとソールの接着

ソールを貼り付ける位置の確認が出来上がりのクオリティを左右する

この工程では、接着剤の乾燥を確認したアッパーとソールを貼り合わせる。ソールスワップの最終工程だ。前頁でスニーカー専用接着剤は「ガムテープの接着面を貼り合わせるようなもの」と説明した通り、パーツを貼り合わせた瞬間に高い接着力を発揮してくれる。逆に言えば

貼り合わせる位置がずれるトラブルが生じた際には、作業をやり直すのは難しい。ソールスワップの貼り合わせは文字通りの一発勝負。貼り合わせの手順に正解は無いが、プロショップの職人が実施する作業工程は自身で手掛けるソールスワップでも大いに参考になるだろう。

29 スニーカー専用接着剤を塗った部分を指で触り、ベタベタした触り心地になりつつも、指に接着剤が付着しない状態になっていれば乾燥工程は完了。この状態に仕上げたアッパーとソールを貼り合わせれば、AIR MAX 95 "JUVENTUS" をレストアベースにしたソールスワップも完成となる。

30 取材を依頼したプロショップの職人は、つま先部のソールが巻き上がった位置から貼り合わせを開始していた。アッパー側の接着跡をガイドラインとして活用できるアドバンテージに加え、つま先部は高い接着強度が求められるため、特に高い精度で貼り合わせる狙いもあるそうだ。

31 つま先部の貼り合わせが完了したら、その周囲を接着する前に、ヒール側の貼り合わせを行っていた。スニーカーの先端と後端で位置を合わせ、その後に全体を圧着する要領だ。AIR MAX 95のソールは比較的中心を見極めやすい形状にデザインされているので、この手順との相性も良いだろう。

32 ソールスワップの締めくくりに、台金を使ってアッパーとソールを完全に圧着させる。靴修理用の工具である台金は入手が容易とは言えないので、個人の作業ではソールの表と裏から貼り合わせるよう、力を込めて圧着する。靴底面だけでなく、サイドに巻き上がった箇所の圧着もお忘れなく。

>>

Complete

RESTORE SKILL

完成

これまで復刻された機会の無いAIR MAX 95をストリートで履き倒そう

数多くのバリエーションが発売されているAIR MAX 95には名作と讃えられるモデルが多く、コレクターの数も少なくない。ただ、そうした貴重なコレクションも加水分解の魔の手からは逃れられず、いずれソールが朽ちていく。その朽ちた状態をオリジナルの良さと割り切るか、ソールスワップを行ってストリートで履くかの選択は自分次第。ここでレポートしたユヴェントスもエアバッグの内部のカラーこそオリジナルとは異なるが、ストリートで着用する強度と言う点では何も心配する必要は無い。この1足に魅力を感じた人は、ソールスワップを楽しめるスニーカーファンだ。

SHOP INFORMATION

スニーカーアトランダム本八幡店

〒272-0021
千葉県市川市八幡2丁目13-12
TEL：047-704-9626
営業時間：11:00〜19:00
定休日：毎週火曜

https://sneaker-at-random.com/

SOLE SWAP／ソールスワップ
>> NIKE AIR MAX 95 "JUVENTUS"

CASE STUDY
#05
ALL SOLE/
オールソール

ALL SOLE/オールソール »
NIKE AIR MAX 95 YELLOW GRADATION

壊れたAIR MAX 95をもう一度履くために
市販品のソールに交換すると言う選択肢

前項までのレポートでソールスワップの有用性を確認しつつ、
新品のスニーカーからソールを剥がす工程に抵抗を覚える人も居るだろう。そうしたケースでは、
単品で販売されているスニーカーソールに交換する選択肢もある。但しNIKEからAIR MAX用の交換ソールが
発売されている訳ではないので、デザインは異なる仕上がりが前提となる。それでもイタリアの老舗靴底メーカーである
ビブラム社のスニーカーソールであれば、交換用のソールとして魅力を感じるスニーカーファンも居るだろう。
ここではビブラム社のスニーカーソールを使用した「オールソール」と呼ばれるレストア工程をレポート。
基本的な流れはソールスワップに準じるので、ダイジェスト版にて紹介する。

取材協力：スニーカーアトランダム本八幡

主な取得スキル

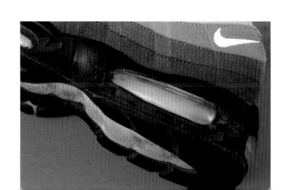

Start

RESTORE
SKILL

加水分解で破損したソールの取り外し

単体で発売されている名門ビブラム社のソールユニットを活用する

スニーカーの王道と言うべきイエローグラデと呼ばれるAIR MAX 95は、1995年のオリジナル発売に続き、1997年には早くも1回目の復刻が実現。その後も定期的に復刻モデルが登場しているのはご存知の通り。復刻モデルの構造はオリジナルに準じているので、当然ながらミッドソールは加水分解する。新たな復刻モデルを購入しようにも発売後に即完売するので、レストア需要が高まるのも当然だ。この作例では加水分解した復刻モデルにビブラム社が単品で発売するソールユニットを取り付ける。ソールを全て交換するので「オールソール」と呼ばれる手法だ。

01 ベースに使用するイエローグラデの復刻モデルは、アッパーやアウトソールのコンディションは比較的良好なのに対し、ミッドソールが完全に加水分解していた。この名作モデルを安心して履けるスニーカーへレストアするため、ビブラム社のソールを使用したオールソールを実行する。

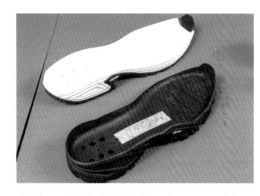

02 スニーカー用に成形されたビブラム社のソールにはデザインがいくつか用意され、カラーもブラックとホワイトに仕立てられている。1足辺りの価格が約7000円と、ソール単品としては決して安い買い物では無いものの、ビブラム社というブランドには信頼感があり、スニーカーファンの琴線に触れるのだ。

03 この個体ではアウトソールの接着力が十分残っているため、そのままソールを剥がすのは難しい。またアッパーはレストア後にも使用するので、強い溶剤であるアセトンを使用するリスクがある。様々な条件を考慮して、今回は接着部分をヒートガンで熱し、接着強度を弱めてから外す事にした。

04 アッパーに強く接着された部分さえ剥がしてしまえば、手作業でもソールの取り外しは可能。加水分解したソールを外す際には、劣化したパーツが飛び散りやすいので作業環境次第では、事前に汚れ対策を行う必要があるだろう。朽ちたソールが剥がれたら、接着面のクリーニングだ。

>>

NIKE AIR MAX 95 YELLOW GRADATION

RESTORE
SKILL

ビブラムソールの仮合わせ

ソールの形状が変われば接着面も変わる

イエローグラデのアッパーに付着する劣化したウレタンをクリーニングしたら、ビブラム社のスニーカーソールを仮組みして、接着する位置に合わせてガイドラインを印していく。貼り付けるソールの形状が変化すれば、接着する位置も変わってくる。ソール側ではパーツの接着面に接着剤を塗布すれば問題無いが、スニーカー用の接着剤は貼り合わせる両面に接着剤を塗るのが前提なので、イエローグラデのアッパーにも、貼り付ける前に接着剤を塗る必要がある。この特性を理解すると、接着位置のガイドラインが必要なのも納得だろう。

05 シューマシンのグラインダーで朽ちたミッドソールをクリーニングする。加水分解の兆候が現れたばかりのスニーカーでは、接着強度が十分に残っている個体もあり、接着面のクリーニングはなかなかの重労働となる。場合によってはニッパー等で古いパーツを切り落とす事も必要になるだろう。

06 イエローグラデの接着面に貼り付いていたミッドソールを取り除いた状態。イエローグラデのカラーに準じたソールユニットが確保できればここからソールスワップに変更する事も可能だが、ブラックのミッドソールにボルトイエローのエアバッグを組み合わせた復刻モデルは、残念ながら殆ど流通していない。

07 アッパーサイズに対応するビブラム社のスニーカーソールを仮合わせする。イエローグラデ特有のカラーを活かすため、今回はブラックカラーで構成されたソールユニットを用意した。サイドの巻き上がった部分に入る"Vibram"のロゴは、ディテールにこだわるスニーカーファンを喜ばせる演出だ。

08 アッパーとソールを押し付けるように持ちながら、接着位置のガイドラインをレザークラフト用の銀ペンで印していく。この際、パーツの押し付けが不十分だと接着剤を塗り残す原因になるので注意。アッパーを一周するようにガイドラインを印し終えたら、接着面の下地作りを行っていこう。

>>

接着面の下地処理
ソールの形状が変われば接着面も変わる

前工程でアッパーに記した接着位置のガイドラインを参考に、接着強度を確保するため下地処理を行っていく。今回のイエローグラデでは元々ソールが接着されていた面に加え、サイドパネル部分も新たに下地処理を行う必要がある。プロショップが手掛けた交換ソールの接着力

が高く、耐久性にも優れているのは、恐らく接着前の丁寧な下地処理も関係しているハズ。接着面の下地処理はオールソールだけでなく、様々なレストアで欠かせない基本工程だけに、ここでレポートした職人の工程を参考に、自身のリペアスキルも向上させよう。

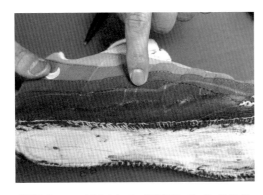

09 オールソールを施すイエローグラデのアッパーに、銀ペンで記したガイドラインを確認する。今回のレストアではガイドラインから下の部分全てに接着剤を塗布するので、事前に下地処理を行う必要がある。この流れは異なる形状のソールを使ったソールスワップでも大いに参考になるだろう。

10 新たに接着剤を塗るサイドパネル部分をハンディルーターでヤスリをかけ、素材の表面を荒らして接着剤を食い付きやすくする。これはパーツを整形する類の作業ではなく、あくまで表面処理が目的なので、ハンディルーターのビットを素材に軽く押しあてる程度の力加減が望ましい。

11 接着面を荒らすようにヤスリをかけたら、アセトンを含ませたウエスで作業した面をクリーニング。AIR MAX 95のアッパーにアセトンを使用すると、ヒール部のリフレクターが剥がれる事もあるので、銀ペンのガイドラインより上の部分にウエスが触れないよう注意しながらのクリーニングが肝心だ。

12 下地処理が完了したらガイドラインを参考にして接着面にプライマーを塗布。その乾燥を確認した後に、スニーカー用接着剤を重ね塗りしていく。その接着剤も、表面を触っても接着剤が指に付かなくなるまで乾燥させよう。この工程はソールスワップと同じ流れになるので詳細は割愛する。

NIKE AIR MAX 95 YELLOW GRADATION

RESTORE
SKILL

ビブラムソールの取り付け

絶対的なスニーカーの名作とソール界の有名ブランドがマッシュアップ

接着面の処理を終えたらスニーカー用の接着剤を塗布して、アッパーにソールユニットを取り付ければ完成だ。ビブラムソールを利用したオールソールは現段階では知名度が高いとは言えないものの、スニーカーに落ち着いたデザインを求める層や、パーツにコダワリを持つ人々の間で話題になりつつある。近頃は需要の高いデザインやサイズの欠品状態が続くケースもあるそうだ。またビブラムソールのサイズ選びについても情報が少ないのも否定できず、個人でオールソールを行う際は、販売店にサイズ感等を相談する事をお勧めしたい。

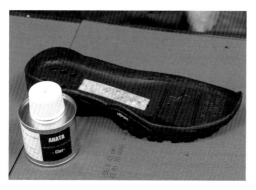

13 ビブラムソールにスニーカー専用接着剤を塗布し、乾燥させてからアッパーに取り付ける。ビブラムソールはヨーロッパのサイズ表記がデフォルトなので、サイズ選びには注意を払いたい。接着剤を塗布する工程はソールスワップとほぼ同じなので、詳細はユヴェントスの事例を参考のこと。

14 AIR MAX 95 に使われているソールユニットに比べ、ビブラムソールの素材は少し硬度を感じさせる仕上がりだ。そのビブラムソールをしっかりと接着するため、アッパーの接着面にはスニーカー専用接着剤を二度塗りしている。二度塗りの場合でも接着面を乾燥させる必要があるのでお忘れなく。

15 アッパーにビブラムソールを取り付ける手順も、基本的にはソールスワップ時と変わらない。オリジナルとはソール形状が異なるので、アッパーに残る接着剤跡がガイドラインとして利用できない点のみ注意しよう。この工程で参考にすべきは、銀ペンでアッパーに記したガイドラインのみである。

16 ビブラムソールの取り付けが完了したら、接着面に圧を掛けてパーツを固定する。取材したプロショップの職人は、台金を使用して圧着するだけでなく、シューマシンのプレスも活用していた。靴底の面だけでなく、アッパーのサイドに巻き上がったソールにもしっかりと圧を掛ける事が重要だ。

Complete

RESTORE SKILL C

完成

ビブラムソールを使ったオールソールは可能性に満ちている

知名度の高いイエローグラデがベースなだけに、形状が異なるソールは違和感に繋がると想像するかもしれないが、完成したオールソールのイエローグラデを目にすると、意外なほどの自然な仕上がりに驚くだろう。ブランド性の高いソールを使用している先入観がポジティブに働いているのかもしれないが、ビブラムソールの立体感が実にスポーティなのである。今回の作例を担当して頂いた新保さんによれば、ベイキンのようなバッシュとの相性も悪く無いとのこと。ビブラムソールを使ったオールソールは、フレッシュな可能性に満ちている。

SHOP INFORMATION

スニーカーアトランダム本八幡店

〒272-0021
千葉県市川市八幡2丁目13-12
TEL:047-704-9626
営業時間:11:00〜19:00
定休日:毎週火曜

https://sneaker-at-random.com/

オリジナルとは異なる形状の
ソールユニットを使用しつつ
趣味人を満足させる1足に仕上げる
これもスニーカーレストアの醍醐味だ

ALL SOLE
NIKE AIR MAX 95 YELLOW GRADATION

CASE STUDY
#06
PARTS
EXCHANGE

NIKE
AIR ZOOM
SEISMIC

未復刻の人気モデルだからこそ
困難なレストアに挑戦する価値がある
サイズミックはそうしたスニーカーの
代表格と言うべき存在だ

CASE STUDY
#06
PARTS EXCHANGE/
パーツ交換

CASE STUDY #06

PARTS EXCHANGE/パーツ交換 »
NIKE AIR ZOOM SEISMIC

時代を象徴するミレニアム系スニーカーの
ビジブルズームエアを代替素材でレストアする

2000年に発売され一世を風靡したサイズミック。
NIKEの新時代を担うアルファプロジェクトの看板アイテムとしてデビューした1足で、
ネイビーとイエローのファーストカラーは時代を象徴するスニーカーとしてファンに記憶されている。
そのサイズミックも発売から20年以上が経ち、ソールユニットの劣化が避けられない状態に陥っている。
今回はデッドストックのまま経年劣化が進み、
ビジブルズームエアが白く変色したサイズミック（WMNSカラー）を、
代替素材で新品時の透明感を再現。さらに経年劣化が心配なクッション材も交換しておこう。

取材協力：リペア工房アモール

レストア箇所のコンディションを確認

サイズミック特有の経年劣化は何故起こるのか

サイズミックで確認できる経年劣化は、ビジブルタイプのズームエアの変色と、ミッドソールの加水分解に集中している。多くのAIR MAXシリーズと同様にエアバッグが劣化するのは分かる。ただサイズミックのミッドソールにはファイロンが使用され、20年程度で形が崩れる程に劣化するとは考えにくい。だが現実にはミッドソールが加水分解したサイズミックのジャンク品は珍しくない。ここでは各ディテールにフォーカスして、サイズミック特有の経年劣化は何故起こるのかの検証と、そこに施すべきレストアの方向性を検討する。

01 今回用意したのは2001年に発売されたWMNSモデルの後期カラー。良かれと思いなるべくコンディションが良好なデッドストック品を準備したのだが、レストアを前提に、経年劣化する箇所を説明する目的ならば、もう少しダメージが顕著に現れた個体を準備すべきだったかもしれない。

02 サイズミックのアイコンディテールであるビジブルタイプのズームエアのエアバッグは、AIR MAXシリーズと同様に経年劣化で変色し、硬化していく。この個体ではエアバッグ自体は原型を保っているものの、変色が進み透明感は失われている。今回のレストア工程では、発売当時の透明感を再現するのだ。

03 ヒール部のズームエアが変色するのはフロント側と同様だが、経年劣化が進んだ個体では、ズームエアの下にある層が加水分解で粉々に崩れているケースが確認できる。恐らくミッドソールの殆どにファイロンが使用され、ズームエアの下に加水分解に弱い素材が組み込まれているのだろう。

04 今回用意したカラーウェイではアウトソールにクリア素材が使用され、内部の構造が透けて見えるのが特徴だ。よく見ると、劣化しているパーツがアウトソール面に露出しているのが分かる。この構造であればミッドソールを剥がさずに、アウトソールを剥がすだけでレストア作業が進められそうだ。

>>

パーツの取り外し
経年劣化で接着力が低下したアウトソールは簡単に剥がれる

アウトソール側からレストアする方針が固まったら、早速アウトソールを剥がしていく。約20年前に発売されたスニーカーだけに、経年劣化で接着力が低下しているのでアウトソールとミッドソールの間を爪で引っ掛けるようにすると簡単に剥がす切っ掛けを作る事ができた。レストアす

るには都合が良いと言えなくも無いが、もし見た目が大丈夫そうだからとサイズミックを履いて出かけていたら、街中で突然アウトソールが剥がれる悲劇に見舞われたかもしれないのだ。そうしたリスクに怯えながら履くよりも、しっかりとレストアしてから履いてあげよう。

05 ミッドソールとアウトソールの間に爪を掛け、力を加えるだけで簡単にアウトソールを剥がす事が出来た。経年劣化で接着力がかなり低下していたようで、ミッドソールに埋め込まれたクッション材やズームエア搭載モデルを意味するプラパーツが破損することなく剥がれたのはありがたい。

06 アウトソールを完全に剥がした状態。前足部はアウトソールと接する位置にズームエアが搭載され、ヒール側はズームエアとアウトソールの間にクッション材（恐らくポリウレタン）の層があるのが目視できる。加水分解でボロボロになったサイズミックの多くは、ヒール部のウレタン層が劣化しているのだ。

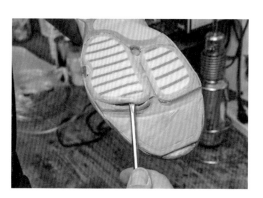

07 ミッドソールの前足部に埋め込まれたズームエアのエアバッグを取り外す。今回はミッドソールとエアバックの間に、マイナスドライバーを差し込む事で取り外す事が出来た。このエアバッグが劣化して破損している場合は、ミッドソール側に破片等が残らないように丁寧に取り除いてあげよう。

08 同様にマイナスドライバーを駆使してヒール側のクッション材を取り外す。前足部よりも厚さのあるパーツがミッドソールに埋め込まれているので、少々取り外しにくい印象だ。取り外しが難しい場合は、他の箇所にもマイナスドライバーを差し込んで、少しずつパーツを浮かせるように外していく。

細部パーツの取り外し

ズームエア搭載モデルを示すプラパーツを取り外す

アウトソールのヒール側に空けられた穴には、ズームエア搭載モデルである事を示すロゴが描かれたプラスチックパーツが装着されている。このプラパーツも経年劣化に弱く、古くなると黄色く変色し、ひび割れてしまうケースも少なくない。今回用意したサイズミックはデッドス

トック品だった事もあり、非常に良いコンディションで残っていた。いずれ劣化するパーツなので代替品に置き換える選択肢も検討したが、2000年前後のハイテクスニーカーを象徴するディテールなので、今回の作例ではレストア後のアウトソールにて再利用する事にした。

09 プラパーツのコンディションは申し分無く、クリアパーツも透明でプリントされたZm（ズーム）AIRロゴもはっきりと確認できる。ただ接着力は劣化しているので、アウトソールを外した際にはクッション材のウレタンに貼り付いていた。このパーツを再利用するため、マイナスドライバーの先端で剥がしていく。

10 マイナスドライバーで剥がしたプラパーツの裏には、ベッタリと劣化したウレタンがこびり付いていた。見た目では原型を保っていたウレタンも、実際にはかなり加水分解が進んでいたのだ。劣化したウレタンは完全に除去する必要があるので、金属製のヘラ等を使って削ぎ落すようにクリーニングしよう。

11 サイズミックのアウトソール側からミッドソールに埋め込まれたパーツを取り出した状態。前足部のズームエアユニットは、左右のエアバッグを中央でつなぎ合わせた独特の構造になっている。取り出した前後のクッション材は、代替素材で新規パーツを作り起こす際の型紙として活用する。

12 ヒール側のクッション材はウレタンの部分全てが着色されているのではなく、ミッドソールから露出する部分だけがライトグリーンにペイントされていた。構造的にソールに組み込んでから着色したとも思えないが、わざわざ塗り分ける必要があったのだろうか。真相は定かでは無いものの、興味深いディテールだ。

ミッドソール側接着面のクリーニング

ハイテクスニーカーのミッドソールは複雑なラインで構成される

アウトソールを剥がしクッション材を取り外したら、ミッドソール側の接着面をクリーニングする。前工程でアウトソールが簡単に剥がせた事実からも想像できる通り、接着剤の強度は経年劣化でかなり低下している。強度の落ちた接着剤に新たな接着剤を塗り重ねても、結局はパー

ツと古い接着剤が接する箇所で剥がれてしまう。2000年以降に発売されたハイテクスニーカーはソール形状が複雑なモデルも多く、作業しにくいが、アウトソールがサイドに巻き上がる部分も含め、全ての接着面を丁寧にクリーニングしなければならない。

13 ミッドソールの接着面を、クリーナーを染み込ませたメラミンスポンジでクリーニングする。個人で同様の作業を行う際は100均ショップで入手可能なメラミンスポンジに、ホームセンター等で販売されているアセトンを含ませると効率が良い。アセトンは揮発性の高い溶剤なので、十分な換気も忘れずに。

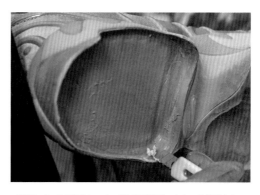

14 パーツの縁やコーナー部にこびり付いた古い接着剤やウレタンがあれば、カッター等で削ぎ落し、改めてメラミンスポンジでクリーニングする。劣化した素材は百害あって一利なし。接着面が新品状態を連想させるコンディションになるまで、徹底的にクリーニングする位の心構えが必要だ。

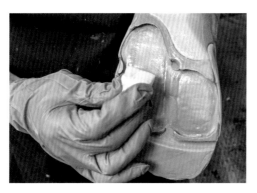

15 前足部の接着面もクリーナーを含ませたメラミンスポンジでクリーニング。複雑な形状のパーツをクリーニングする際にはキューブ状にカットされたメラミンスポンジよりも、好みに合わせてカットするメラミンスポンジの方が使いやすい場合もある。店頭で見かけたら試しに購入するのも良いだろう。

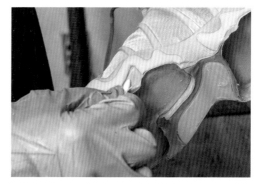

16 アセトン等の強い溶剤は塗料を一瞬で落としてしまうので、塗装パーツの近くは綿棒等に含ませて使用すると安心だ。サイズミックのミッドソールは一部が淡いグリーンに染められている。微妙な中間色のため塗料が剥げてしまった際のレタッチも難しそうなので、慎重に作業を進めていく。

ヒール側の代替パーツの作成
劣化したクッション材と交換するパーツを新規に作り起こす

サイズミックのクッション材に使われいるズームエアユニットは、それ単体で発売されておらず、エアバッグの形状もまちまちなので流用が効かない。またこの原稿を書いている時点では1度も復刻の機会に恵まれず、パーツをスワップする事も不可能だ。2016年にはサイズミックのコンセプトを受け継いだ「スピリミック」が登場したが、ソールデザインは「スピリドン」と呼ばれるスニーカーから流用されていた。交換用のパーツが無ければ作り起こすのがレストアだ。ここからは、代替素材でクッション材の交換パーツを製作する工程をレポートする。

17　劣化したクッション材と交換するパーツをEVAシートから作り起こす。EVAシートは様々な厚さが販売されているので、なるべくパーツに近い厚さを選びたい。ヒール側のパーツの厚さは約14mmなので、厚さが10mmから15mm位のEVAシートが入手できれば作業も進めやすいハズだ。

18　適当な大きさに切り出したEVAシートにサイズミックのクッション材を重ね、銀ペンで型を写していく。EVAシートはカラーバリエーションも豊富に用意されているものの、スニーカーのレストアでは一部にペイントを施すケースもあり、塗料の発色が良いホワイト系のEVAシートを選ぶのが無難だろう。

19　型を写したEVAシートをハサミを使って整形する。この後の工程でディテールを整えるので、この段階では余白を多めに残し、ざっくりと切り抜くだけで問題ない。銀ペンのラインを攻めすぎ、実寸よりも小さく成形すると、ミッドソールに装着する際のリカバリーが難しくなるので注意しよう。

20　シューマシンのグラインダーを使用して、切りしたパーツの精度を高めていく。個人で行うレストアでは、ハンディールーターや当て木に巻いたサンドペーパーを使用して作業を進めよう。この際も削り過ぎると元には戻せないので、ミッドソールの形状を繰り返し確認しながら仕上げるのがポイントになる。

>>

ヒール側の代替パーツのディテール

代替パーツにビジブルエアを模したディテールをプラスする

EVAシートから切り出したパーツを整形し、サイズミックのミッドソールに組み込んでアウトソールを取り付ければ、スニーカーとしての機能は回復する。だが、その仕上がりに満足するスニーカーファンは少ないハズだ。スニーカーのレストアの醍醐味は、オリジナルのディテール感を楽しみつつ、快適に、安心して履く点にある。ビジブルエアの無いソールユニットでは、オリジナルのディテール感を楽しむ事は不可能なのだ。交換用のエアバッグが販売されていない以上、入手可能な素材を使用してビジブルエア感を再現する必要がある。

21 細部の調整を繰り返し、ミッドソールにフィットする形状に成型したEVAパーツ。この状態でも履くためのスニーカーに求められる機能を回復できるが、サイズミックのレストアであればビジブルエアの再現は必須。ここからの工程で、EVAパーツにビジブルエアを模したディテールをプラスしていこう。

22 作業を進める前に改めてオリジナルのクッション材を確認しよう。ヒール部のパーツを真横から見ると、ビジブルエアとウレタンの二層構造になっている。代替パーツでもこの二層構造を再現する必要があるだろう。プロショップの職人は、どのようなアプローチでこの構造を再現するのだろうか。

23 職人が取り出したのはホームセンター等で売られているビニールチューブだ。ビニールチューブの側面をミッドソールから露出させ、ビジブルエアのような見た目を再現すると言う。ヒール用のエアバッグが露出する部分は若干狭いので、内径6mmの少々細めのビニールチューブを使用する。

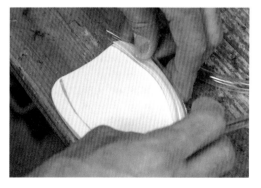

24 EVAパーツの一部を削り、そこにビニールチューブを取り付けていく。取り付け位置を決めるため、EVAパーツの上にビニールチューブを乗せ、銀ペンでガイドラインを書き込んでいく。誰でも手に入れやすい素材の組み合わせで、NIKEが誇るハイテクディテールが再現可能なのだろうか。

ヒール側の代替パーツの調節

EVAパーツを削りビニールチューブを取り付ける構造を作り出す

EVAパーツにビニールチューブを組み合わせ、サイズミックらしさを醸し出すビジブルエアを模したディテールを作成する方向性を確定した。その工程のファーストステップとしてEVAパーツを加工し、ビニールチューブを固定するディテールを作り出していく。完成時には

ミッドソールの両側でビニールチューブが露出する仕上がりになるので、EVAパーツを整形する際には左右で均一な高さに成型する必要がある。完成時の違和感のないディテールを達成するためにも丁寧な採寸を心がけ、精度の高いガイドラインをEVAパーツに書き込もう。

25 EVAパーツの上面に、ビニールチューブの太さに合わせたガイドラインを書き込んだ状態。このラインに沿って切り落とすだけなら楽な作業なのだが、今回はオリジナルパーツの二層構造を再現するので、パーツを途中まで削り、厚さを整える必要がある。高い精度が求められる工程だ。

26 オリジナルパーツを採寸し、ウレタンの厚さを確認する。素材が劣化しているとパーツを外す時に厚さが変わっている可能性があるので、複数の位置で採寸するのをお忘れなく。今回の採寸ではウレタンパーツの厚さは約8mm。その厚さを残すようにEVAパーツの側面にガイドラインを引いていこう。

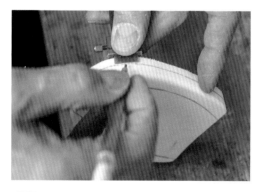

27 EVAパーツの上面で行った工程と同様に、パーツの側面にも銀ペンでガイドラインを引いていく。取材したプロショップのように均等な高さに線を引く工具を所有していなければ、パーツの両端と中央付近で採寸して印を付け、その点を結ぶようにマスキングテープを貼るのも良いだろう。

28 EVAパーツに写したガイドラインを参考に、パーツを削って整形する。プロショップではシューマシンのグラインダーで作業しているが、個人のレストアではハンディルーターや目の粗い棒ヤスリを使用しよう。大量に削りカスが出る工程なので、自宅で作業する際には汚れ対策も万全に。

前足側の代替パーツの作成

2つのエアバッグを繋いだような特殊な形状をトレースする

ヒール部に装着するEVAパーツに、ビニールチューブを取り付ける切り欠き部のディテールを追加し終えたら、前足部のパーツもEVAシートから切り出していく。オリジナルのパーツはヒール部でエアバッグとウレタンの二層構造になっているのに対し、前足部はエアバックのみなのが特徴だ。その代わり左右2つのエアバッグを繋ぎ合わせた構造を持っている。新たに作り起こすパーツでも、この複雑なディテールを忠実に再現する必要があるだろう。サイズミックから前足部のエアバッグを型紙にして、複雑なディテールを忠実にトレースする。

29 ビニールチューブを取り付ける切り欠き部を追加した、ヒール部に装着するEVAパーツ。画像では分かりにくいが、ミッドソールにはめ込む側のエッジを微妙に落とすように仕上げている。スムーズに取り付けられるよう調整したもので、作業の効率化を狙うのであれば参考にしたいアイデアだ。

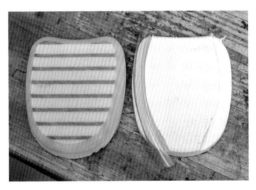

30 オリジナルのクッション材との対比。ビニールチューブは後の工程で接着するので、この段階ではパーツの上に置いているだけなのでご了承のこと。型こそオリジナルパーツに準じているが、新規パーツの構造は大幅にアレンジされている。どのようにビジブルエア感が再現されるのか楽しみだ。

31 ヒール部のパーツを整形したら、前足部のエアバッグと交換するパーツをEVAシートから切り出していく。オリジナルの前足部はエアバッグの一層構造なため、パーツを切り出すEVAシートもヒール部よりも薄手のタイプを準備する。今回の作例では厚さ10mmのEVAシートを使用した。

32 オリジナルのエアバッグを型紙にして、EVAシートに銀ペンで型を写しハサミを使ってパーツを切り出していく。その形状はヒール部よりも複雑なラインで構成されているので注意しよう。銀ペンのガイドラインを直接切断するのではなく、余白を残して切断し、後の工程で整形するのもお約束だ。

>>

前足側の代替パーツの整形

ソールのディテールに合わせて EVA パーツに溝を彫る

前足部用の交換パーツを大まかに切り出したら、銀ペンで引いたガイドラインに沿ってヤスリを掛けて整形していく。何度もミッドソールの取り付け位置にはめ込みながら調整を繰り返し、パーツ形状の精度を高める基本的な作業がクオリティの確保には有効だ。サイズミックの

アウトソールは左右のエアバックの接合部に合わせ、板状に盛り上がった構造が存在する。その構造に合わせEVA パーツを左右に分割する選択肢もあるが、今回の作成ではオリジナルのエアバッグに準じるよう、アウトソールに合わせて EVA パーツに溝を彫る事にした。

33 シューマシンのグラインダーで交換する EVA パーツを整形。プロショップが使用するグラインダーには、様々な形状に対応するグラインダーが装備されている。個人でこの工程を行う際は、ハンディルーターをはじめ、サンドペーパーや棒ヤスリを使い分けて複雑なディテールを再現しよう。

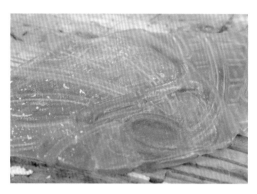

34 サイズミックのアウトソールには、エアバックの接合部分を押さえつけるように板状に盛り上がった構造が存在する。この板状のディテールが収まるように EVA パーツに溝を彫っていくが、彫った溝の位置が正しく無ければアウトソールが浮いてしまうトラブルに繋がるのは言うまでもない。

35 アウトソールに EVA パーツを合わせ、溝を彫るべき位置を確認したら定規と銀ペンでガイドラインを引いていく。溝の深さはアウトソールの形状を参考にして、徐々に深くする方向性で作業しよう。あまり深く彫ってしまうと折角整形したパーツが2つに分かれてしまうので、やり過ぎは禁物だ。

36 前足部の EVA パーツに、アウトソールのディテールをはめ込む溝を彫った状態。プロショップの作例では全体の8割程度の深さに仕上げている。EVA には弾力があり、アウトソールを押し付ければ沈み込むので極端な精度は必要ないものの、パーツ同士が干渉しない方が取り付けはスムーズになる。

前足側の代替パーツの調節
ビニールチューブの太さに合わせパーツの両端を切断する

EVAパーツにアウトソールの形状に合わせた溝を彫ったら、ビジブルエア風のルックスを演出する、ビニールチューブを取り付けるスペースを確保する。この工程ではミッドソールにEVAパーツを装着した状態でビニールチューブを乗せ、チューブの幅に沿ってガイドラインを作り、その箇所を切り落とす流れになる。整形したパーツを切断するのは気が引けるが、サイズ合わせの時点でパーツの精度が低ければ、完成時のクオリティにネガティブに働くのは良くある話。完成時のクオリティを確保するためには避けるべきではない工程だ。

37 ミッドソールにEVAパーツを取り付け、ソールのアウトラインに沿わせるようにビニールチューブを置く。その後ビニールチューブの太さに合わせ、銀ペンを使用してEVAパーツにガイドラインを引いていこう。ここではヒール側よりも太い内径10mmのビニールチューブを使用している。

38 サイズミックビジブルエアは、前足の外側にあたる箇所でエアバッグが露出する"窓"を分割するディテールを採用している。その影響でソールも大きくうねるように整形されているのだ。今回はソールの曲線に沿うようにビニールチューブを取り付け、分割されたエアバッグの窓を再現する。

39 書き込んだガイドラインに沿ってEVAパーツを切り落とし、ビニールチューブを取り付けるスペースを確保する。ミッドソールにピッタリはまるよう整形したパーツを切る工程になるが、切断前のディテールが正しく無ければ、ビニールチューブを取り付ける幅を正確に把握できないので割り切ろう。

40 パーツの両端を切り落としたEVAパーツを再びミッドソールに取り付け、ビニールチューブをはめ込んでスペースを確認。干渉する箇所があれば修正しよう。ビニールチューブの長さは接着工程で調整するので、この段階では取り付け時の幅が確保されているのかのチェックだけで問題ない。

>>

ビジブルエアのディテールを代替素材で再現する

整形したEVAパーツにビニールチューブを貼り付ける

交換用パーツの準備が整ったら、ビジブルエアを模したディテールを作成する工程に進もう。今回のレストアにおける山場なので、集中して作業に挑みたい。先ずはパーツの端に段差を作るように整形したEVAにビニールチューブを接着。位置の固定を確認したら、ミッドソールに押し当ててチューブの長さを調整する。この際、チューブの断面が外面に露出すると極端に見栄えが悪くなる。サイズミックの場合は構造的に断面が露出するリスクは低いのだが、念のためミッドソールの"窓"になる位置を確認し、ビニールチューブが露出する箇所を把握しておく。

41 EVAパーツとビニールチューブの接着面に、スニーカー用接着剤を塗布して乾燥させる。ホワイトのEVAにクリアのチューブを組み合わせる構造なので、完成時には地色のホワイトが目立つ仕上がりとなる。その見た目に配慮する意味で、接着剤は無色透明のタイプを使用するのがベターだ。

42 EVAパーツの段差に合わせ、ビニールチューブを貼り付ける。パーツを取り付ける際にはビニールチューブが押しつぶされるので、EVAパーツの面よりチューブの上部が多少高くなっていても問題ない。ただ余りにも高さが合っていない場合には、チューブの太さを変更する等の修正が必要だ。

43 ビニールチューブの固定を確認したらチューブがミッドソール側になるよう仮合わせして、切断位置を確認する。完成時にチューブが露出するのは、ミッドソールを台形に切り欠いている部分のみ。この位置にチューブの切断面が露出しない事を確認し、切断する位置にガイドラインを描いておこう。

44 余分なビニールチューブをハサミでカットする。その上でミッドソールの取り付け位置にはめ込み、問題なく収まるようであれば成功だ。スニーカーの構造上、このレストア手法でチューブの断面が露出するモデルがあるとは考えにくく、多くのモデルに応用可能なレストテクニックと言えそうだ。

ビジブルエアのディテールを代替素材で再現する

太目のビニールチューブでボリュームのあるビジブルエア感を演出

前足部のEVAパーツにもビニールチューブを接着する。パーツ形状が複雑なので、接着時もひと手間掛ける必要があるだろう。ミッドソールに空いたビジブルエアの"窓"の高さはヒール側より低いものの、ヒール側のようにパーツが二層構造では無いため、結果的に外面に露出するビジブルエア風ディテールもヒールより高さが要求される。この問題には取り付けるビニールチューブの太さ選びで対応可能。下準備段階でヒール側とは異なる内径10mmのビニールチューブを用意したのは、ディテールに求められる高さの差を考慮していたのだ。

45 EVAパーツとビニールチューブの双方に接着剤を塗って乾燥させる。チューブの透明感を活かすならば、やはり無色透明の接着剤を使用したいところだ。前足部にはソール形状に合わせたヘコミがあるので、チューブを端から貼り付けると接着しにくくなる場合があるので注意しよう。

46 EVAパーツにビニールチューブを接着する際には、ヘコミ部を先に固定する選択肢もある。しっかりと乾燥させたスニーカー用接着剤は、圧着するだけで高い接着強度を発揮してくれる。画像の状態にチューブを固定した後に両側を取り付ければ、ヘコミ部でも高い接着強度が確保できるハズだ。

47 ビニールチューブがしっかりと固定されている状態になったら、パーツをミッドソールに仮合わせして、チューブに切断する位置を書き込んでいく。ヒール部の工程でも触れた通り、チューブの切断面が外面に露出すると完成時の見た目が著しく悪くなるので、切断面が収まる位置を改めて確認しておく。

48 前工程で記した位置でチューブを切断すれば、パーツの造形は完了だ。ここまでの作業の精度が十分であれば、ミッドソールに取り付けた際、画像のような状態に仕上がるだろう。内部構造こそズームエアとは異なっているものの、プックリとしたチューブの側面がビジブルエアらしさを見事に演出している。

接着工程の下準備
前半でアウトソールから取り外したプラパーツも再接着する

交換用パーツの作成が完了したら、アウトソールの再接着に向けた下準備に取り掛かる。アウトソールの接着面をクリーニングする作業をはじめ、ミッドソールから露出するEVAパーツの着色や、取り外しておいたプラパーツの再接着など、細かい作業が中心になる。新たなパーツを作り起こすような大掛かりな工程ではないものの、完成時の見た目に影響する工程ばかりなので手抜きは禁物だ。この下準備の先には、各パーツを接着する工程が待っている。代替素材を活かして劣化したビジブルエアを再現するレストアもまさに大詰めだ。

49 クリーナーを含ませたメラミンスポンジで、アウトソールの接着面をクリーニングする。ヴィンテージ系のバッシュ等に比べると、複雑な構造の接着面になるのでクリーニングのし忘れが無いように注意。メラミンスポンジでは力が入れにくい箇所があれば綿棒にクリーナーを含ませて対処しよう。

50 このサイズミックでは、ヒール側に取り付けられる二層構造パーツの露出部分で、外面に露出するウレタンがミッドソールのグリーンと同色にペイントされていた。そのディテールを再現するため、ミッドソールに制作したパーツとアウトソールを仮組みし、露出部分に銀ペンで印を付けておく。

51 ソールから新規に作り起こしたパーツを取り外し、印を付けた部分をEVA素材に対応した塗料で着色する。ソアウトソールがクリア素材なので、露出する箇所から塗料がはみ出さないように注意しよう。ここでは業務用の塗料を使用しているが、個人の作業時にはAngelus Paint等で対応する。

52 クリーニングを終えたアウトソールに、工程の前半で取り外しておいたプラパーツを再接着する。プラパーツに接着剤を塗布するのはアウトソールと接する緑の部分のみ。接着剤の中にはクリアパーツの透明度を低下させるタイプもあるので、接着剤が対応している素材を必ず確認しよう。

各パーツの接着準備

全てのパーツの接着面にプライマーを塗布していく

ここからは各パーツを接着する工程に進んでいく。新規に作り起こしたパーツを除き、全ての接着面をクリーナーとメラミンスポンジ等でクリーニングしている前提での工程になるので、クリーニングし忘れた箇所があれば、作業を進める前に対処する。パーツの接着工程は、全て

の接着面にプライマーを塗布する作業から開始する。プライマーの塗布は接着強度を確保するには必須の作業で、新規に作り起こしたパーツにも確実に塗っておく。プライマーには対応する素材が設定されているので、塗布する箇所の素材に合わせて使い分けるのも重要だ。

53 パーツのプライマー処理を始める前に、全てのパーツを一旦組み合わせ、外面に露出する、ビニールチューブの接着しない場所に印を付けていく。逆に言えばビニールチューブでも他のパーツに接する箇所は全て接着するので、接着剤の下地となるプライマーを確実に塗っておく必要があるのだ。

54 ミッドソール及びアウトソールの接着面全てに、素材に対応するプライマーを塗布していく。アウトソールの再接着工程の場合、特につま先やヒールの先端部で強度を確保したいので、この場所での塗り忘れは禁物。不安があれば1度プライマーを乾燥させた後、二度塗りすると安心だ。

55 新規に作り起こしたパーツのミッドソール側に接着する面にもプライマーを塗布していく。ベース素材や接着剤によりプライマーを必要としないケースがあるのも事実だが、対応する素材さえ合っていれば塗って悪い事はない。塗り忘れのリスクを負う位なら、全て塗る位の気構えで作業を進めたい。

56 全ての接着箇所にプライマーを塗布した後、接着面を指で触り、指にプライマーが付着しない状態になるまで乾燥させていく。この工程に必要な乾燥時間は作業環境の温度や湿度、そしてプライマー自体の特性に左右されるものの、目安の時間として30分以上は乾燥させたいところだ。

各パーツの接着

ミッドソールにビジブルエア風ディテールを演出したパーツを取り付ける

接着面にプライマー処理を施した交換用パーツを、スニーカー専用接着剤を使ってミッドソールに取り付ける。今回のレストアベースにセレクトしたサイズミックは、ミッドソール側にパーツを取り付ける位置のガイドラインとなるディテールがあるので、ここまでの作業で製作したパーツが正しく整形されていれば、取り付け時の位置決めで神経をすり減らす事も無いハズだ。ただしヒール部のパーツには表裏があり、ビニールチューブを取り付けた面をミッドソール側に接着する。接着後に剥がすのは大変な作業になるので、パーツの表裏には注意を払いたい。

57 パーツに塗布したプライマーの乾燥を確認したら、スニーカー専用接着剤を塗り重ね、再び乾燥させる。前足部の取り付けるパーツは左右非対称なので間違えることは無いと思うが、ヒール側のパーツはビニールチューブを取り付けた面を先に接着するので、表裏を間違えないように注意しよう。

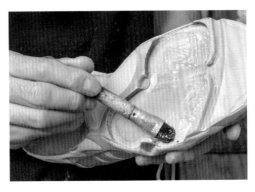

58 プライマーの乾燥を確認したミッドソール側にも接着剤を塗り、指で触って接着剤が付着しないレベルまで乾燥させる。スニーカー専用接着剤の多くは蓋の内側に簡易的な筆が付いているが、ミッドソール面のような広い部分に塗るには不向き。100均ショップの筆を使い捨てるのも選択肢のひとつだ。

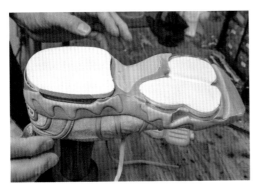

59 接着剤が乾燥したら、ミッドソールに作り起こしたパーツを取り付ける。位置を決め、体重をかけるように圧着するだけで高い接着力を発揮してくれるのが頼もしい。この高い接着力は接着後のリカバリーが難しくなる要因でもあるので、パーツの表裏を間違えるようなミスは極力避けなければならない。

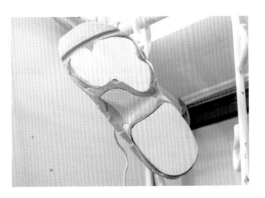

60 前後のパーツを取り付けたらアウトソールを貼り付けて完成だ。その接着工程に進む前に、改めてアウトソールを接着する全ての面にプライマーを塗って乾燥させる。サイズミックのアウトソールには、ミッドソール側まで巻き上げている部分があるので、その部分のプライマー処理も確実に実施しよう。

>>

アウトソールの接着

前工程でプラパーツを取り付けておいたアウトソールを接着する

劣化したズームエアを代替素材に置き換えるレストア術も、アウトソールを貼り付ければ完成だ。この工程を正しく行えば、アウトソールの接着強度も回復する。約20年前に発売されたスニーカーとは思えない、安心して履けるサイズミックが誕生するのだ。サイズミックにはア

ウトソールがサイドに巻き上げられた箇所があり、取り付け位置にもデザインが施されている。そのデザイン性を損なわないためにも、アウトソールを取り付ける際の位置決めには細心の注意を払い、オリジナルと区別が付かないレベルの完成度を目指していこう。

61 プラパーツを取り付けた際にプライマーを塗っておいたアウトソールに、スニーカー専用の接着剤を塗布していく。サイズミックのアウトソールではサイド部の巻き上げ箇所の接着強度も必要なので、塗り残しが出ないように注意する。乾燥後の二度塗も塗り残しを回避するには有効な戦略だ。

62 貼り合わせる双方の接着剤が乾燥したら、つま先、もしくはヒール側の端からアウトソールを取り付ける。土踏まず部分に在る小さなスウッシュのようにサイズミックのソールには複雑なディテールが施されているので、そのディテールをガイドラインにする感覚でアウトソールの取り付け作業を進めていく。

63 前足部のサイドに巻き上がるディテールは、完成時に目立つ場所のひとつ。この取り付け位置が大きくずれると仕上がり時の見た目に影響する。オリジナルとは異なるパーツを組み込んでいるので100パーセントのディテール再現は無理がある。ただ、100パーセントを目指す意気込みは必要だ。

64 狙い通りの位置にアウトソールを取り付けたら、接着面全体を圧着してパーツを固定する。シューズの底面だけでなく、つま先やヒール、そしてサイド部の巻き上げ箇所は念入りに圧着して、強固な接着力を獲得したい。未復刻のスニーカーという付加価値のある、レストアスニーカーが遂に完成した。

完成

代替素材を活用して生まれ変わった安心して履けるサイズミック

エアバッグの劣化が進み、放置されていたサイズミックが代替素材を活用して生まれ変わった。作例を担当して頂いた竹本さんによれば、あくまでエアユニットの交換だけで他のパーツには手を入れていない。つま先のプラパーツも壊れやすく、近い将来に破損するリスクは潜んでいると付け加えていた。そのリスクを理解しても、ビジブルエアがフレッシュに生まれ変わったサイズミックはあまりにも魅力的だ。ネットオークションでもジャンク扱いのサイズミックを見かけるので、ジャンク品を格安で手に入れ、今回のレストアに挑戦する価値は十分にあるだろう。

SHOP INFORMATION

リペア工房 アモール

千葉県千葉市若葉区千城台北1-1-9
オーシャンクリーニング本店内
TEL:043-309-4017
営業時間:10:00〜13:30
　　　　　14:30〜18:00
定休日:毎週水曜(その他臨時休業あり)

http://www.rs-amor.sakura.ne.jp/

スポーツカーからインスピレーションを得た
他に似たデザインが存在しない
特別なスニーカーを
発売から20年を経た現代で履く幸せ

PARTS EXCHANGE
NIKE AIR ZOOM SEISMIC

手に取るのを躊躇させる
履き口部分の大きなダメージ
ヴィンテージスニーカーならではの
トラブルはアイデアを凝らした
レストアで克服する

CASE STUDY
#07
PARTS
EXCHANGE
adidas
SUPERSTAR(80s)

CASE STUDY

#07

PARTS EXCHANGE/
パーツ交換

CASE STUDY *#07*

PARTS EXCHANGE/パーツ交換 »
adidas SUPERSTAR (80's)

古着屋で格安にて購入したフランス製スーパースターの
ひび割れたヒールパーツを交換しレストアする

ヴィンテージスニーカーファンにとって憧れの存在であり続けるフランス製のスーパースター。
特に1980年代に発売されたスーパースターは、復刻モデル「SUPER STAR 80s」の
デザインベースにも選ばれた、完成度の高いシルエットで知られている。その人気に比例してコンディションの良い
80年代のスーパースターは古着屋でも高値で販売されている。
時折お買い得な個体を見つけるものの、履き口の踵の部分が大きくひび割れ、
履き心地が著しく低下しているケースが少なくない。
ここで紹介する作例は、お買い得価格のスーパースターをレストアするものだ。

取材協力：リペア工房アモール

主な取得スキル	
■劣化したスベリ革の取り外し	P.081
■新たなスベリ革を作成	P.085
■交換用スベリ革の縫い付け	P.087
■クッション材を取り付け	P.089
■アッパーの縫い直し	P.091

Start

RESTORE SKILL 1

レストア箇所のコンディションを確認

なぜ履き口部分のパーツはひび割れるのか

古着屋等でスニーカーをチェックしているファンであれば、アッパーのレザーは大丈夫なのに履き口部のレザー（スベリ革）が劣化して、ひび割れているフランス製スーパースターを見た経験があるだろう。その理由は、アッパーの大部分が本革なのに対し、履き口部には合皮が使われているからだ。合皮は軽く加工しやすい特性を持つ反面、本革に比べると経年劣化する速度がケタ違いに早いのだ。劣化した合皮を復活させる事は不可能なので、こうしたスーパースターを快適に履く際には、劣化した合皮パーツを交換するレストアが必須となる。

01 80年代のフランス製スーパースターは、コンディションが良ければ定番カラーで5万前後、希少なカラーなら軽く10万円を超える相場で取引されている。ここでレストアを施すフランス製スーパースターは、古着屋で約1万5000円にて購入したもの。割安な価格の理由は言うまでも無く履き口のひび割れだ。

02 スニーカーに使われている合皮は経年劣化に弱く、劣化したパーツを復活させる手立てはない。そのパーツを交換する際の難易度はスニーカーの構造で大きく異なるが、このスーパースターであれば、個人が所有する道具でも何とかレストアが可能。ここからのページで作業の手順をレポートしていく。

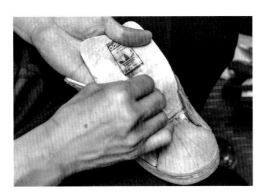

03 パーツの交換作業に入る前に、アッパー全体の汚れを落としていく。ここでスニーカー用の洗剤を使うのも良いが、汚れが落ちすぎても良い感じにダメージが入ったユーズド感が薄れてしまう。先ずは洗剤を使用せず、水を含ませたメラミンスポンジでアッパーやシュータンを擦ってみた。

04 メラミンスポンジで軽くクリーニングしただけで、意外なほど汚れが落ちた。シュータンにプリントされた"Made in France"の文字も読み取れる。購入する際は履き口が破れた汚れたスニーカーに1万5000円は高いかも？　と感じていたが、実は掘り出し物だったのかもしれない。

インソールの取り外し

RESTORE SKILL

靴底の半分程度までインソールを引き上げる

アッパーのクリーニングに区切りを付けたら、本格的にスベリ革の交換作業をスタートする。今回の作業はシューズの履き口部分に集中しているため、インソールを全て引き抜く作業は行わず、靴底の半分まで捲りあげる程度に留める。この後の作業効率を考えるとインソールを取り出す方が楽かもしれないが、インソールが靴底に接着されているタイプのスニーカーであれば、取り出す際に破損しかねない。レストア後に別売り品へ交換する予定が無いのであれば、インソールを完全に剥がさず作業を進めるの方法もひとつの選択と言えるだろう。

05 メラミンスポンジで簡易的にアッパーをクリーニングした状態。手軽に汚れが落ちるので細かい部分までクリーニングしたくなるが、新品のデッドストックではなく、ある程度履き込んだユーズドをレストアベースに選んだ場合は汚れを落とし過ぎても違和感が生じてしまうので注意したい。

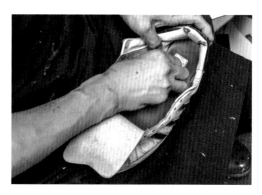

06 ヒール寄りから靴底の中央辺りまでインソールを捲り上げる。レストア後の履き心地を考えると機能性インソールに交換するのが正解だが、このスーパースターはインソールにオリジナルのサイズ表記シールが貼られていた。そのディテールを残すため、あえて元のインソールを再利用する。

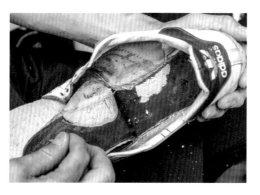

07 インソールを捲ると、土踏まず部の靴底との間にサポートパーツが装着されていた。このパーツはウレタン系の素材が使われてるらしく、経年劣化が進み激しく傷んでいる。作業中に劣化したパーツがボロボロと崩れてくるようであれば、インソールを剥がすついでに除去する事をお勧めする。

08 捲り上げたインソールはシューズのつま先部に押し込み、作業の妨げにならないようにしたい。レストアベースがスーパースターの場合は、内側が画像の状態になればスベリ革の交換が可能。内側にライニングが貼られているタイプのスニーカーでは、そのライニングも剥がさなくてはならない。

>>

劣化したスベリ革の取り外し

リッパーを使ってパーツを固定している糸を切り離す

スベリ革をアッパーに縫い付けている糸を切り離し、劣化したパーツを取り外す準備を進めていく。近年のスポーツシューズではパーツを取り付ける際に縫い付けず、ヒートボンディングと呼ばれる熱圧着加工も普及しているが、80年代のスニーカーは基本的にパーツをミシン縫いで取り付けている。そのため縫い付けている糸を全て切れば、パーツを取り外す事が可能になる。もし接着剤で固定している箇所があったとしても、約40年前に製造されたスニーカーであれば接着強度も著しく低下しているのでレストア作業の妨げにはならないだろう。

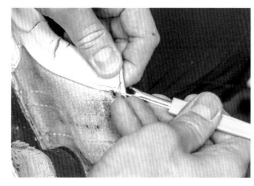

09 手芸用品店や大型の100均ショップで購入可能なリッパーを使用して、刃を縫い糸の下にくぐらせるようにして、スベリ革を縫い付けている糸を切り離していく。構造的に強度が求められる部分やパーツの端では、パーツを留める縫い目を折り返しているケースもあるので丁寧な作業を心がけたい。

10 リッパーで糸を切り進み、ある程度パーツに隙間が出来てきたらハサミを使って糸を切るのも良いだろう。手のひらに収まるサイズの糸切りバサミがあれば、力を入れやすく、シューズの内側での取り回しも簡単だ。一般的なハサミに比べ、細い隙間部分の糸も切りやすいのでお勧めだ。

11 全ての縫い目の糸を切っていく。大変地道な作業の繰り返しだが、製造から40年を経た革素材は経年劣化による硬化のリスクがあり、中途半端な作業の後、無理に縫い糸を引き抜くと革を傷める危険がある。仕上がりの良さを優先するならば、地道な作業を丁寧に積み重ねるしかないだろう。

12 糸の切り離しを進めていくと、スベリ革の中に装着されたクッション材が確認できる。濃いイエローに染まるスポンジに時代を感じるならば、相当のヴィンテージスニーカー通だ。クッション材が破損すると同じ形状のパーツを自作する事になるので、リッパーやハサミの刃を引っ掛けないように配慮したい。

RESTORE
SKILL

劣化したスベリ革の取り外し

シューズの外側からもスベリ革に干渉する縫い糸を切り離す

シューズの内側に露出するスベリ革を留める縫い糸を切り終えたら、シューズの外側からもリッパーや糸切りバサミを駆使して、スベリ革に関わる縫い糸を切り離していく。この作業工程ではスベリ革以外のパーツの一部も外れてしまうが、交換用のスベリ革を取り付ける際に、一緒に縫い上げるので気にする必要は無い。余談になるが、この工程ではアイレットに隠れる3本線（スリーストライプス）の端など、普段目にする機会の無いディテールが確認できる。細部のディテールにこだわりを持つファンにとっては、ささやかなボーナスとなるかもしれない。

13 スベリ革と干渉する縫い糸と、シューズの外側からもステッチことに1箇所ずつ切り離していく。内側の縫い糸を完全に切り離していれば、場所によっては縫い糸を引き上げるように抜く事も可能。力を入れ過ぎた状態で糸を引くとレザーを傷めかねないため、引き抜けない場合は地道に糸を切り離そう。

14 縫い糸の処理を進めると、場所によっては本来外す必要のないパーツにも影響を及ぼす事がある。今回のスーパースターでも、アイレット（シューレースホール）を補強するパーツが外れてしまった。最初は驚くかもしれないが、新しいスベリ革を取り付ける際に縫い合わせるの部分なので心配無用。

15 アッパーのサイドパネルに入る"くの字"状のステッチは、まさにスベリ革を縫い付けている部分。地のレザーを傷つけないように糸の下にリッパーの刃を差し込んで、ステッチを切り離そう。この作業を体験すれば、「何故この場所に縫い目が入るのか」といったスニーカーの構造も学べそうだ。

16 履き口の縁にあたる部分は、糸切りバサミで処理するのが便利。この部分は縫い糸が表に露出していないので、作業時はパーツを広げるようにテンションを掛けると糸を切りやすい。今さら念を押す必要は無いかもしれないが、地のレザーを傷めるような強い力を掛けるのはご法度である。

adidas SUPERSTAR (80's)

劣化したスベリ革の取り外し
スベリ革に包み込まれるように内蔵されていたクッション材を取り出す

スベリ革の取り外し作業を進めていく。ヒールパーツの周囲は曲線部分が多くリッパーやハサミの刃を当てにくい箇所もあるが、ひと目ずつ縫い糸を切り離していけばパーツの接合箇所に隙間を作りやすくなり、切り離すべき縫い糸の露出を増やす事が可能だ。取材したプロショッ

プの職人も、アッパー側の革パーツを傷つけないように注意を払いながら、ひと目ずつ縫い糸を切り離していた。作業を進め、スベリ革の靴底と接する部分以外の糸を切り終えたら、内蔵されていたクッション材を取り出して、クッション材が劣化していないか確認する。

17 スベリ革とヒール部の補強パーツを指で広げるようにして、縫い糸を目視しやすい状態を確保しながら取り外し作業を進めていく。ここで使用する糸切りバサミは100均ショップでも手に入るが、Googleショッピングでも様々な形状の糸切りバサミが検索可能。道具にこだわるクラフトマンは一見の価値アリだ。

18 履き口部分のステッチ糸を切り終えたら、内蔵されていたクッション材を取り外す。レストアするスニーカーにもよるが、クッション材がレザーに接着されているケースもあるので無理に剥がして破損しないよう注意したいが、万が一破損しても同形状のクッション材を作りなおせば問題ない。

19 クッション材を取り外し、スベリ革と靴底が接する部分を確認する。画像では分かりにくいが、靴底と接する面には縫い糸が露出しておらず、スベリ革の端を靴底の裏側まで巻き込ませて固定しているのが確認できた。靴底側の縫い糸を切るには、本体の後半を分解しなければ不可能だ。

20 本来であればシューズの後半を分解してスベリ革を取り外し、新たに作成したスベリ革に交換。その端を靴底の裏側に取り付けた後、ソールを縫い付ける"オバンケ"を施す際に縫いを施す流れとなる。ただ、その作業は難易度が非常に高くなるので、今回は別のアプローチでレストアする事にした。

劣化したスベリ革の取り外し

RESTORE SKILL

スベリ革が靴底と接するラインで切り取る

作業の難易度を極端に上げずスベリ革を交換するアイデアとして、劣化したスベリ革を靴底と接するラインで切断。新しいスベリ革取り付ける際にも靴底の裏では無く、靴底とインソールの間で固定する事にした。このアプローチであればシューズ後半のソールユニットを外さなくて も作業する事が可能なので、個人でスニーカーをレストアを楽しむ人でも挑戦する事ができるハズ。スニーカーによって構造が異なるため、全てのモデルに有効な手法とも言えないものの、「出来ないなら出来る方法を考える」という職人のスタンスには見習うべき部分が多いのだ。

21 靴底の裏側に巻き込まれたスベリ革を外すため、靴底と接する部分でスベリ革を切り取っていく。先ずはデザインナイフ等を使用して、切り取るガイドラインを入れていこう。この部分にはソールを縫い付けているステッチ糸があるため、誤って糸を切断しないよう集中して作業を進めたい。

22 デザインナイフで付けたガイドラインを参考に、ソール用のステッチ糸に触れないよう気を配りながらハサミを使ってスベリ革を切り取っていく。この作業では切り取る位置を目視で都度確認したいので、刃の短い糸切りバサミよりも刃が長く、力も入れやすいタイプのハサミを使用したいところ。

23 劣化したスベリ革の取り外しが完了した。本革のようにも見えたスベリ革も、取り外して素材を確認すると合皮が使われているのが分かる。スベリ革はスニーカーを脱着する際に最も負荷が掛かるパーツのため、合皮が経年劣化にともなって強度が落ち、裂けるように破れてしまうのだろう。

24 スベリ革を取り外した状態。画像では分かりにくいが、ヒール部には半円形のパーツが付けられている。これはヒールカウンターと呼ばれる芯材で、ヒール部の形を整えるだけでなく、足を入れた際のサポートにも働きかける重要なパーツ。スベリ革と共に切り離さないよう注意する。

RESTORE SKILL

革のハギレで新たなスベリ革を作成

本革使用のスベリ革でオリジナルよりも高級感を上乗せする

スーパースターから取り外したスベリ革を型紙にして、交換用のスベリ革を作成する。今回の作例ではオリジナルと同様の合皮ではなく、手芸用品店等で手に入る本革のハギレからパーツを作り起こし、オリジナルよりも高級感をプラスしてレストアする事にした。本革と合皮の

強度差は使う素材次第だが、本革のスベリ革は革靴でも普通に使われているので、一般的なレザーであれば強度の面でも心配は無用。今回はオリジナル感を尊重したディテールを再現するため、表革が淡い生成り色に染められたレザーを使用してレストアする。

25 パーツを切り出すレザーの裏面に取り外したスベリ革を広げ、レザークラフト用の銀ペンを使用して型取りする。劣化したスベリ革はシワが入っているので、型取りする位置を広げるようにすると精度が向上する。スベリ革は左右非対称のタイプもあるので、型取り前に確認すると安心だ。

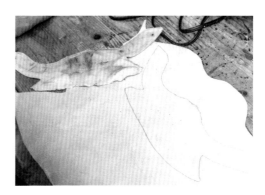

26 レザーの裏面（スエード面）に型を写した状態。前工程でスベリ革を切り離す際、靴底の裏に回り込んだ箇所を残すように切断している。後の工程でスベリ革を靴底に回り込ませる構造をインソールの下で再現するため、型よりも靴底側のレザーに余白を持たせるように切り出す必要がある。

27 銀ペンで描いたラインを参考に、交換用のスベリ革を切り出していく。ここで使用するレザーは薄すぎるタイプは耐久性に不安があり、厚すぎれば加工が面倒になりがち。市販されている革であれば、1mm前後の厚さが初心者でも使いやすく、入手も比較的容易でカラーも豊富なのでお勧めだ。

28 ハギレから切り出した交換用のスベリ革。ここで使用するレザー素材に決まりはないが、スエードやヌバックのような表面を起毛させたタイプではソックスとの間に摩擦が生じ、シューズの脱着に苦労するので注意。スベリ革と名付けられているだけに、表面な滑らかなレザーの方が実用的なのだ。

adidas SUPERSTAR(80's)

交換用スベリ革を履き口に合わせて接着する

RESTORE SKILL

スベリ革を縫い付ける前に位置を固定しよう

交換用のスベリ革を切り出したらすぐにでも縫い付けたいところだが、今回の作例では、縫い付ける前に履き口部分でスベリ革を接着している。腕に自信があれば接着せずとも縫えると思うかもしれない。ただ今回のケースでは本体を分解せず、スニーカーの形状を保ったままスベリ革を縫い付けるため、ひと手間掛けて接着するのが安心なのだ。曲面で縫い合わせる作業が大半になるうえ、縫い付ける位置もパーツの縁ギリギリを攻めていくため、事前に接着してパーツを固定するのは、作業を進める上で大きなメリットになり得るハズだ。

29 アッパーの履き口周辺に残るステッチ穴より上側に、スニーカー専用の接着剤を塗っていく。スニーカー専用として発売されている商品の多くは、接着剤が乾燥させてから貼り合わせる仕組みになっている。この作業でも、塗り終わった後は1時間ほど乾燥させると安心だ。

30 先程接着剤を塗った、アッパーの履き口に接するスベリ革の表面（レストア後に表になる側）にもスニーカー専用の接着剤を塗布する。"縫い代"となる狭い部分のみに接着剤を塗っていく。こちらも塗った表面を指で触り、指に接着剤が付着しなくなる状態まで乾燥させておく。

31 スベリ革とアッパーに塗った接着剤が乾燥したら、左右のバランスを確認しながら位置を合わせ、パーツの縁を履き口のラインに合わせるように接着する。接着を開始する場所に決まりはないが、ヒール部には芯材を残しているので形状が安定しやすいので、ここから貼り合わせるのが良いだろう。

32 この作業で気を付けるのは、完成後に表面に出る側とアッパーを合わせるように接着する点だ。後の作業でパーツを縫い合わせた後にスベリ革を裏返すので、この段階では、スベリ革の裏面が表になるよう貼り合わせる。文字にするとややこしいので、状態は画像を参考にして欲しい。

>>

交換用スベリ革を履き口に縫い付ける

プロショップでは八方ミシンを使用して効率よく縫い進めていた

RESTORE SKILL

接着したスベリ革を縫い付けていく。個人のレストアではレザークラフト用の手縫い針で縫い合わせるのが一般的だが、取材したプロショップでは「八方ミシン」を使用していた。八方ミシンは押さえ金が360度回転し、スニーカーのような複雑な形状にも対応可能な手回し式のミシンである。詳しい解説はWebの情報に譲るが、スニーカーを縫うスピードは手縫いとは桁違いに速く、スニーカーの修理やカスタムを嗜む趣味人にとって憧れのミシンと言える。参考までに代表的な八方ミシン工業の製品であれば、中古品でも数十万円はくだらない。

33 八方ミシンでスベリ革を履き口に沿うように縫い付けていく。元の縫い目に合わせて作業を進める要領だ。手縫いの場合は相応の労力と時間を要する工程となるが、慌てて縫い目が雑に仕上がってはレストアする意味が無くなってしまう。慣れるまでは数日に分けて作業を楽しむ位の余裕も必要だ。

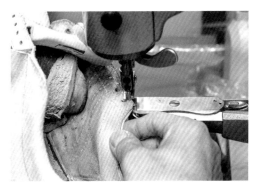

34 履き口部分の縫い合わせは、パーツの縁ギリギリを攻める工程だ。その攻め具合で仕上がりの出来栄えも左右される一方、負荷が掛かりやすい箇所でもあり、しっかりと縫代を確保して強度を保つ必要があるのが悩ましい。ひと目ずつ、丁寧に縫い進める事だけが唯一の対処法だ。

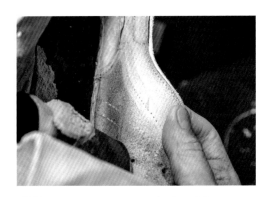

35 スベリ革をアッパーの履き口に縫い付けた状態。パーツの縁ギリギリを攻めるように整然と並んだ縫い目は、八方ミシンならではの仕上がりと言える。手縫い工程でここまで仕上げるにはかなりの経験を積む必要があるだろう。その域に達するまでは、画像のコンディションに近付ける事を目標にしたい。

36 スベリ革をシューズの内側に向かって裏返した状態。縫い目の状態や縫い合わせのラインが滑らかに仕上がっているか確認する。まだパーツに馴染んでいない感はあるものの、縫い目がパーツの内側に隠された、スニーカーでお馴染みのディテールに仕上がっているのが分かるだろうか。

スベリ革の内側にクッション材を取り付ける

シューズの内側にスベリ革を押し当て余分な箇所を切り取っておく

スベリ革をアッパーの履き口部に縫い付けたら、その前の工程で取り外しておいたクッション材を入れ戻す作業を行っていく。レストアベースにセレクトした80年代のスーパースターだけでなく、他ブランドのスニーカーにも応用可能なレストアスキルであるものの、その工程を詳細にレポートした書籍やWebメディアは無いに等しい。履き口周りにダメージを負ったお気に入りの1足を捨てられずにいる人や、古着屋で憧れだったモデルを格安で手に入れ、レストアして履きたいと考えているスニーカーファンにとっては貴重な参考資料になるハズだ。

37 スベリ革をスニーカーの内側へと裏返し、パーツに押し付けるように馴染ませていく。平面で構成されるパーツを曲面に合わせる作業なので、靴底に接した部分の一部が余り、シワ状に盛り上がってくるだろう。シワが出る場所を確認したらレザーの余剰部分を切り取り、靴底面に馴染むよう整形する。

38 シワ状になった余剰部分を切り取った状態。見た目が良い状態とは言えないものの、シワを切り取るように整形した部分はインソールの下に隠れるので問題ない。この段階は、見た目よりも不必要なシワが残らないように整形し、履き心地が悪くならないよう配慮する事を優先すべきだ。

39 靴底に接する部分を整形したらスベリ革をシューズの外側に再び裏返し、クッション材を取り付ける場所を露出させる。この作業を手軽に行えるのは、オリジナルのように靴底の裏面にスベリ革を巻き込ませる手法ではなく、靴底とインソールの間で固定するアイデアを選択した故の恩恵だ。

40 クッション材を取り付ける位置にスニーカー専用の接着剤を塗っていく。今回使用した接着剤は革素材で高い接着強度を発揮するのでプライマーは塗っていないが、使用する接着剤の仕様を確認し、必要と明記されている場合は素材に対応したプライマーを先に塗っておくのを忘れずに。

>>

スベリ革の内側にクッション材を取り付ける

全ての接着面に専用接着剤を塗りヒール部のクッション材を固定する

全ての接着面にスニーカー専用の接着剤を塗り、表面の乾燥を確認したらクッション材を固定しよう。アッパーに多くの縫い目があるルックスのスニーカーは、接着剤を使わず縫製だけで製造している印象を受けるかもしれないが、実際の製造工程では多くの場所に接着剤が使わ

れている。また、スニーカー専用として市販されている接着剤の多くは、正しく使用すれば抜群の接着強度を発揮する。完成後に履き倒す目的でスニーカーをレストアする場合には、接着できる部分はなるべく接着してしまうのが賢いやり方と言えるかもしれない。

41 取り外しておいたクッション材の接着面に、素材に対応した接着剤を塗って乾燥させておく。この後の工程でクッション材はスベリ革の内側に完全に内蔵されるので、それ程接着強度を必要としない。それでも作業効率を考えれば、作業を進める前に位置を固定した方が安心だ。

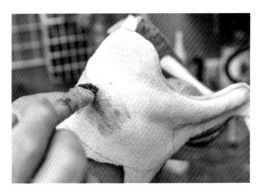

42 シューズの外側に垂らしておいたスベリ革の接着面にも、スニーカー接着剤を塗って乾燥させる。この後の工程でスベリ革を靴底に接着し、インソールを被せるように加工する。接着した箇所がずれてシワになるトラブルが起こると履き心地に悪影響を及ぼすので、しっかりと接着剤を塗布しよう。

43 各パーツに塗った接着剤の乾燥を確認したら、クッション材の取り付けだ。この工程でのポイントは、シンプルにクッション材の取り付け位置に尽きる。アッパーとスベリ革を縫い合わせたラインのギリギリに取り付ける事で、完成時に履き口のプックリとしたディテールを再現できるのだ。

44 シューズ内側のヒール部にクッション材を取り付けた。今回はクッション材のコンディションが良く、そのまま再利用する事ができたが、クッション材が劣化している際は新規にパーツを作り起こす。その際には形状の再現は勿論のこと、クッション材の厚さもオリジナルに準じるのが望ましい。

>>

スベリ革の内側にクッション材を取り付ける

RESTORE SKILL 12

スベリ革でクッション材を包み込むようにパーツを固定する

ヒールパーツ部のクッション材が正しい位置に固定され、スベリ革に塗ったスニーカー専用接着剤の乾燥が確認できたら、スベリ革をシューズの内側に裏返す要領でクッション材を包み込んでいく。パーツを裏返す際に力を入れ過ぎるとパーツが歪み、ヒール周りのシルエットが崩れてしまう。逆に引きが弱すぎると素材の"たるみ"の原因となり、着用時に新たなシワを生じさせるリスクが高まる。プロショップの職人は事も無げに作業を進めていくが、個人でスベリ革のレストアを行う場合には、こうした工程でもある程度の経験を必要とするだろう。

45 接着剤の乾燥を確認したスベリ革をシューズの内側方向に裏返し、ヒールに装着したクッション材を包み込むように接着する。最初にパーツの中央部分を固定した後、両サイドの作業に進むと良いだろう。スベリ革を引く力加減が完成時の見た目と着用感に影響するので、ここは慎重に作業したい。。

46 スベリ革の両サイドもシューズの内側に押し付けるように接着する。履き口周りのクッション材に負荷が掛からないように取り付けるとボリューム感が出るものの、余裕を持たせすぎるとスベリ革にシワを生じさせ、履き心地を低下させる。レストア前のコンディションをイメージしながら調整しよう。

47 シューズの内側に作り直したスベリ革を取り付けた。レストア前のコンディションを考えれば、生まれ変わったような印象だ。この作例ではスベリ革に本革を使用しているので、この時点で多少のシワが生じても履いているうちに足の形に馴染んでくる。神経質にならなくてもいい。

48 別の角度からも履き口のディテールを確認。オリジナルのクッション材を流用したので、オリジナルを連想させるボリューム感に仕上がった。この工程でクッション材の厚さを調整し、履き心地をアレンジする事も可能だが、それはオリジナル感を目指すレストアよりも、カスタムと表現すべき演出だ。

>>

アッパーの縫い直し

前工程でステッチを外した部分を縫い直す

RESTORE SKILL

劣化したスベリ革を取り外す工程で、ステッチを外した箇所を縫い直していく。プロショップでは八方ミシンを使用して手際よく作業を進めていたが、個人のレストアでは手縫いで仕上げていく。縫い目が細かいスニーカーのアッパーに手縫いを施すのは手間を必要とするもの

の、今回の作例ではアッパー側に残るステッチ穴がガイドラインとなるので、アッパーそのものを作り直す"オールアッパー"と呼ばれるカスタム手法に比べればハードルは低い。もっともオールアッパーを行う人であれば八方ミシンを所有する率も高いのだが、それはまた別の話。

49 アッパーの縫い直し工程は、アイレットに隠れる部分からスタートする。ここで接着していないスベリ革の端を固定する。プロショップではアッパーの外側から縫い直していたが、手縫いの場合には内側から縫った方が、スベリ革の状態が把握しやすい。この辺りは好みで選んでも全く問題ない。

50 アッパーのサイドパネルに入る"くの字"の縫い跡も改めて縫い直そう。ここまで作業していた人ならお気づきだろうが、ヴィンテージのバッシュで良く見られる"くの字"のステッチは、スベリ革を固定するための縫い跡だ。名作と呼ばれるスニーカーは、機能美と表現すべきディテールの塊りなのだ。

51 縫い直し工程の最後はアイレットのパーツ。今回は縫い直す前に接着する事にした。強度の確保の意味では接着する必要は無いのかもしれないが、ミシン縫いや手縫い問わず、パーツが固定されていると縫い作業に集中できるのは事実。結果的に縫い作業のクオリティも向上する。

52 アイレットパーツの接着面にスニーカー専用接着剤を塗ったら、表面が乾燥するまで待ちの時間だ。この時間を利用して、交換したスベリ革の状態を確認しよう。ここまでの作業が手順通りに進められていれば、手にしたスーパースターからスベリ革交換レストアの完成形がイメージできるだろう。

>>

adidas SUPERSTAR (80's)

アイレットパーツの縫い直し

スベリ革交換レストアのレポートも最終局面に突入

アイレットパーツを接着し、縫い跡をガイドラインにして改めて縫いを施していく。劣化してひび割れたスベリ革のレストア工程も最終局面だ。リペイントやソールスワップと比べ、スベリ革交換の情報共有は進んでおらず、お気に入りのスニーカーのスベリ革が破損した際には我慢して履き続けるか、専門店に修理を依頼するイメージが強かったのではないだろうか。今回の作例もあくまでスーパースターをベースにした事例であり、全てのスニーカーに応用できるとは言い難い。それでも、アイデアと技術があればレストア出来るという証明にはなったハズだ。

53 アイレットに塗った接着剤の乾燥を確認したら、アッパーに圧着するように貼り合わせる。スニーカーを構成するパーツの中でも意外と目立つ箇所なので、貼り合わせる時にはパーツがずれないように集中したい。同じ工程を片足で2箇所、両足で4箇所に施したら縫い直し工程に進んでいこう。

54 パーツに残る縫い跡をガイドラインに、アイレットパーツをアッパーに縫い付ける。これ以前の工程でも同様だが、スベリ革には縫い跡が無いので、手縫い針を使用する場合は縫う前に"菱ギリ"で縫い穴を作る必要がある。その手間を考えると、そのまま縫える八方ミシンのスペックは魅力的だ。

55 アイレットパーツを縫い付け、返し縫いで縫い目を固定したら糸を切り、余分な糸をライターで焼いて処理する。これで縫い直し工程は完了だ。八方ミシンを駆使するプロショップでは、片足に費やした時間はここまで2時間ほど。中古の八方ミシンが高額で売買されている状況も納得する効率の良さだ。

56 レストア作業も完成かと思いきや、スベリ革を確認するとシューレースホールが空いていない事実に気付くだろう。シューレースホールは他のパーツと位置を合わせるため、新たに空ける場合はパーツの取り付けが完了した後に行うのが一般的。作業自体は専用の工具を使えば簡単だ。

>>

シューレースホールの追加とインソールの接着

仕上げ作業を施してスベリ革交換レストアの完成

アッパーの縫い直しが完了したら、最後の仕上げにシューレースホールの追加とインソールの接着を行っていく。後に別売りのインソールに交換する可能性も踏まえ、この段階でインソールを接着したくない人も居るかもしれないが、今回のレストアでは靴底とインソールの間でスベリ革の端を固定している。万が一の剥がれを防ぐ意味では、接着する方が無難と言える。ただ、レストアしたスニーカーを着用すればスベリ革を固定した箇所に体重が乗るので、現実的にはパーツが剥がれる可能性は無いに等しい。あくまで念には念を入れる意味での接着だ。

57 レザーパーツにシューレースホールを追加するには「ポンチ」と呼ばれる金属製の工具とハンマー、そしてゴムシートを使用する。ポンチは手芸用品店等で入手可能で、異なる径が用意されている。予め複数のタイプを用意し、実際のスニーカーに合わせてサイズを選ぶと良いだろう。

58 ゴムシートにスベリ革を取り付けた面を当て、外側のシューレースホールに径の合ったポンチを差し込みハンマーで叩く。このシンプルな作業で新たなシューレースホールを空けることができる。この作業は意外と大きな音が出るので、自宅で行う際にはゴムハンマーを使用するのもお勧めだ。

59 靴底面に接着したスベリ革の端を押さえるため、インソールを靴底に接着する。貼り付ける前に、インソールとスベリ革が不自然に干渉していないか確認するのも忘れずに。オリジナルのインソールはかなり薄手なので、別売りの品に交換する場合はサイズ感が変わる場合があるので注意。

60 接着面が乾燥する前に、インソールと靴底が触れないように配慮するのを忘れずに。ここでは割り箸を使ってインソールを支えている。その接着面が乾いたら、スベリ革の端の上に被せるようにインソールを接着。十分に圧着した後、アッパーにシューレースを通せば今回のレストアも完成だ。

Complete
RESTORE SKILL

完成

ヴィンテージスニーカーファンの琴線に触れるスーパースターが完成

スベリ革が経年劣化で裂け、履くのを躊躇せざるを得なかったフランス製のスーパースターが復活。しかもスベリ革は合皮から本革へとアップグレードしている。その質感は素材にこだわりを持つファンも納得させるハズだ。今回の取材では八方ミシンを使用しているので、作業も滞りなく進んでいった。ただレザークラフトの経験がある人ならご存知の通り、手縫いに時には更に細かい工程が必要で、費やす時間も伸びるのは必然。それでもリペアの手順を共有する事で、レストアに挑戦する意欲が湧くクラフトマンも居るだろう。今回のレポートが、やる気の後押しとなれば幸いだ。

SHOP INFORMATION

リペア工房 アモール

千葉県千葉市若葉区千城台北1-1-9
オーシャンクリーニング本店内
TEL：043-309-4017
営業時間：10:00〜13:30
　　　　　14:30〜18:00
定休日：毎週水曜（その他臨時休業あり）

http://www.rs-amor.sakura.ne.jp/

adidas SUPERSTAR（80's）

直せないなら直せる方法を考える
その意思と経験がリンクした時
新たなレストアスキルが誕生する
PARTS EXCHANGE
adidas SUPERSTAR（80's）

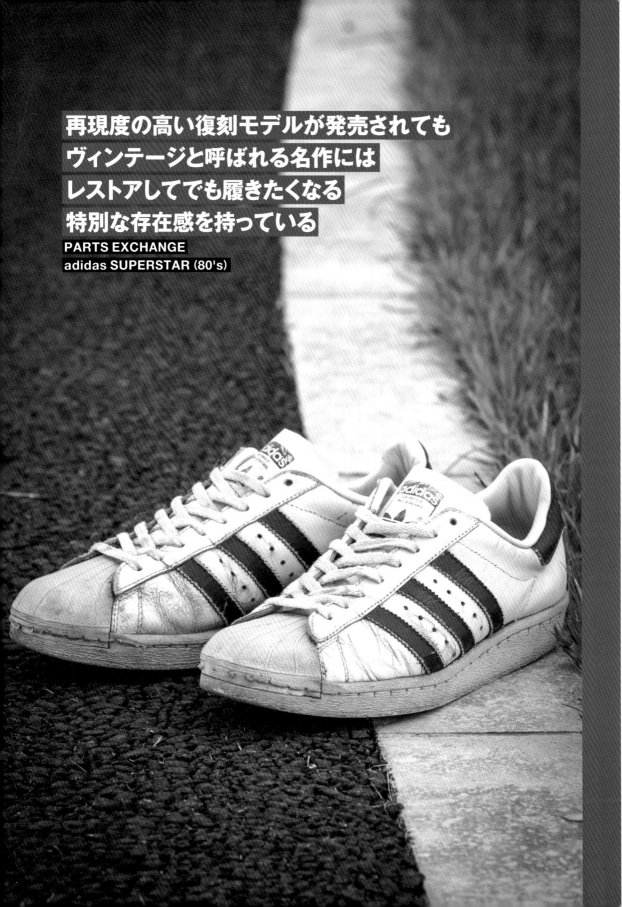

再現度の高い復刻モデルが発売されても
ヴィンテージと呼ばれる名作には
レストアしてでも履きたくなる
特別な存在感を持っている
PARTS EXCHANGE
adidas SUPERSTAR（80's）

CASE STUDY
#08
SOLE SWAP

AIR JORDAN 1 CHICAGO 1994

スニーカーに興味が無ければ
捨ててしまいそうなコンディションの
AIR JORDAN 1をフルレストア
ヴィンテージ感と快適性を持った
CHICAGOカラーの名作を蘇らせる

CASE STUDY
#08
SOLE SWAP/
ソールスワップ

SOLE SWAP/ソールスワップ »
AIR JORDAN 1 CHICAGO (1994)

2021年時点のテクニックを活用した
1994年発売のAIR JORDAN 1をフルレストア

スニーカーは履いて楽しむプロダクトである以上、使い込んだ際のダメージの多くはソールに蓄積する。
故にスニーカーリペアの中でも、ソールを新品パーツに交換するソールスワップの需要が多くなるのも当然のこと。
長い期間履き続けたお気に入りを安心して履けるコンディションへリペアするソールスワップは
確かに魅力的だが、エイジングの進んだアッパーをリペアベースとする場合には、
新品状態のソールを取り付けただけでは違和感となって現れてしまう。
ここから紹介する作例は、アッパーのエイジングをリペアしたスニーカーに受け継ぐ、
2021年時点で最先端となるフルレストアを提案するものだ。

取材協力：スニーカーアトランダム本八幡 / スニーカーアトランダム高円寺

主な取得スキル

Start
RESTORE
SKILL

レストアベースのソール取り外し

リッパー等を使用してステッチ糸を処理していく

数あるスニーカーの中でも特に人気の高い AIR JORDAN 1 だけに、そのソールスワップに関する手順はスニーカーのリペアを楽しんでいるユーザーによって広く共有されている。ここでは新たにソールスワップに挑戦するユーザーや、作業工程の再確認の意味で、レストアベースの

ソールを取り外す最も初期の工程から順に紹介していく。AIR JORDAN 1 はアッパーにソールを縫い付ける "オパンケ" 製法を採用したスニーカーだ。そのソールをアッパーから外す際には、ソールを縫い付けているステッチ糸をリッパー等で切断する工程からスタートする。

01 リッパーと呼ばれる道具を使用して、ミッドソールのステッチを切断する。リッパーはステッチ糸を切断するには最適な構造を持つ使いやすい道具だ。手芸用品店で普通に購入可能で価格も手頃だし、規模の大きな 100 均ショップでも扱いがあるので 1 つは手に入れておきたい。

02 リッパーの細い刃をステッチ糸の下にくぐらせ、上に引き上げる要領で切断して行く。ソールのコンディション次第では数か所を切断して糸を引き抜く事も可能だが、経年劣化が進んだソールの場合は素材の強度も心配なので、ソールを一周するように糸を切ってから作業を進めたい。

03 ここで紹介する 1994 年製の復刻 AIR JORDAN 1 のケースでは、古い接着剤は完全に劣化していたのでステッチ糸を切るだけで簡単にソールを剥がす事が出来た。接着力が残るソールを外す際は、後のページにてレポートする交換用の新品ソールを剥がす工程を参照のこと。

04 劣化したソールの内部。ヒール部に装着されていたエアユニットは跡形も無く崩れ、それを覆うように装着されていたウエランパーツも加水分解で粉のようになっている。外から見た時には何とか原型を保っていたものの、クッショニング素材がこの状態では快適な履き心地には程遠い。

アッパー接着面の下処理

リッパー等を使用してステッチ糸を処理していく

レストアを行う AIR JORDAN 1 のソールを剥がしたら、接着工程に進むための下処理を施していこう。ソールをアッパーに縫い付けるオパンケ製法を採用するスニーカーは、古いステッチ糸を全て取り除く必要がある。シューズの外側から見える糸だけでなく、インソールの

下に隠れた糸も抜き取る必要があるのは、今さら説明する必要は無いだろう。1994年に発売された復刻 AIR JORDAN 1 ではインソールが接着されているのだが、その接着強度は経年劣化で著しく低下しているので、レストア作業の妨げにはなり得ないハズだ。

05 1994年製 AIR JORDAN 1 のソールを剥がした状態。アッパーにはヴィンテージスニーカーとしては薄いレザーを使用しているとは言え、本革だけあり耐久性が著しく低下している事は無さそうだ。このアッパーでリペア可能と判断し、接着面のクリーニングを進めていく。

06 アッパーに残るステッチ糸を除去する前に、インソールを取り外して隠れたステッチ糸の状態を確認する。この時代の AIR JORDAN 1 はインソールが接着剤で固定されているものの、その強度は経年劣化で著しく低下している。試しに土踏まず部分をめくると簡単に剥がれてくれた。

07 古いインソールを剥がした状態。インソールの素材自体も劣化して、靴底に残骸がこびり付いている。気になる場合はラジオペンチ等を使えば除去できるが、完全に取り除くのは難しい。またインソールに隠れていた内側のステッチ糸も、指で引き抜くように除去してしまおう。

08 シューズの内側に残るステッチ糸を除去したら、シューズの外側に残っている糸も除去していく。この作業で使用する工具はペンチやラジオペンチ等、力を入れやすいタイプが使いやすい。前工程で内側の糸が除去されていれば革を傷めるリスクも低いので、テンポよく作業を進めよう。

>>

RESTORE
SKILL

アッパー接着面の下処理

接着強度を低下させる靴底に残った古いウレタンを除去

ステッチ糸の除去に続き、接着面のクリーニングを実施する。AIR JORDAN 1のソール内部にはエアユニットだけでなく、ウレタンのクッション材も搭載されている。ウレタンは加水分解しやすく、ソールを外した後の接着面に劣化したウレタンがこびり付いているケースが少な

くない。1994年に発売されたスニーカーであれば、ウレタンの加水分解は当然の結果と言わざるを得ないのが現実だ。劣化したウレタンは接着時の強度を著しく低下させるので、スクレイパー等を使用して完全に取り除き、ソールの接着に適した下地を作っていく。

09 アッパーに残っていたステッチ糸を完全に除去した状態。着用によるシワや経年劣化はあるものの、ソールに隠れていたレザーのコンディションもまずまずで、素材の破れやひび割れ等、補修や補強を必要とする箇所も見当たらない。レストアベースとしての状態は及第点だ。

10 アッパーの底面にこびり付いているのは、加水分解したウレタン素材。微妙に水分を含んだ粉のような状態で、ボロボロと崩れ落ちてくる。劣化したウレタンの上にプライマーや接着剤を塗るのは無意味であり接着強度を確保する事は出来ないので、完全に除去するのが大前提だ。

11 アッパー底面の劣化したウレタンは、スクレイパー等を使用して削り落とすように処理していく。細かい箇所は後の工程で処理を行うので、ここでは大きめの付着物を除去するのみで問題ない。作業時には劣化したウレタンが飛び散るので、自宅で作業する際は汚れ対策も万全に。

12 スクレイパーは100均ショップのD.I.Yコーナーでも取り扱いがあり、大型店舗ではサイズも複数揃っている。ただ多くの100均商品は刃が硬すぎてしなりが無く、力がダイレクトに伝わる傾向が強い。アッパーのレザー素材を傷つけるリスクが高くなるので、作業は慎重に進めよう。

アッパー接着面のクリーニング

RESTORE SKILL

劣化したウレタンとアッパーに残る古い接着剤を同時に除去

劣化したウレタンを大まかに削ぎ落したら、接着面をヤスリ掛けして細かいウレタンを落とすと共に、アッパーに残った古い接着剤もクリーニングする。レストアベースのアッパー接着面に関する下処理は、この工程でひと段落だ。AIR JORDAN 1に限らずオパンケ製法を採用するスニーカーでは、ソールがアッパーのサイドに巻き上がっている部分で特に高い接着強度が求められるので、丁寧にクリーニングを施し、完全に古い接着剤を除去するのが必須。じっくりと腰を据えて作業して、神経質なくらい仕上げにこだわる位で丁度良い重要な工程だ。

13 取材したプロショップの職人はシューマシンのグラインダーを利用して、慎重かつ手早く接着面のクリーニングを進めていく。個人で同様の作業を行う際は、ハンディルーターやサンドペーペーを準備し、パーツ形状に応じて使いやすい道具を駆使する要領でヤスリ掛けを進めていこう。

14 アッパーのサイドに残る接着剤をシューマシンで除去していく。この工程では古い接着剤を除去するのも目的だが、接着面全体にヤスリ掛けを行い、表面を荒らす事でプライマーや接着剤の食いつきを向上させる目的も併せ持っている。文字通り一石二鳥のリペアテクニックなのだ。

15 アッパー接着面のヤスリ掛けが完了した状態。ソールを外した際に残っていた劣化したウレタンが除去され、表面が軽く荒れた状態に仕上がっているのが確認できる。接着面の下処理としては理想的な状態で、個人でソールスワップを行う際も、このコンディションを目指したい。

16 仕上げに細かいホコリ等を取り除き、アセトンを含ませた布で拭き上げる。個人の作業では100均ショップのメラミンスポンジに、少量のアセトンを含ませて作業するとやりやすい。この作業が完了したらアッパーの処理はひと段落。続いて交換用のソールを剥がす工程に進んでいく。

交換用ソールの準備

RESTORE SKILL

接着力の高い新品ソールの取り外しには相応の労力が伴う

交換用のソールをアッパーから外していく。今回のソールは別案件でカスタムペイントを施した2017年の復刻モデルから取り外す。手間をかけた1足だけに名残り惜しいが、定番カラーのCHICAGOやBREDに対応する白ミッドソールと赤アウトソールのユニットはリペア素材として人気が高く、入手困難な状況なため涙を飲んでソールを剥がす事にした。同じAIR JORDAN 1だけに手順は1994年版と同じだが、新しいスニーカーは接着剤が劣化しておらず、当然ソールの接着力も高い。そのソールを外すには相応の労力とリペアテクニックが必要だ。

17 ミッドソールのステッチ糸をリッパーで切断する。新しいスニーカーはソールがしっかりと接着されているので、面倒でも全ての位置でステッチ糸を切断する。上級者は目打ち(千枚通し)を使ってステッチを切断するケースもあるようだが、慣れるまではリッパーを使うと安心だ。

18 全てのステッチ糸を切り離し終えたらインソールを外す。靴底にインソールが接着されているモデルでも力任せに取り外してしまおう。無理に外すとインソールの素材が千切れ、一部が靴底にこびり付いた状態となる。その場合は再利用を諦め、他のインソールを用意するのが現実的だ。

19 インソールに隠れていたシューズ内側のステッチ糸が露出したら、糸の端を指でつまみ、一気に引き抜こう。外側のステッチを全て切り離していれば簡単に引き抜く事ができるハズだ。このモデルでは外側で見える糸が白いのに対し、内側は赤い糸が使われていたので分かりやすい。

20 シューズの外側に残った糸を、ペンチ等を使用して引き抜けばミッドソールのステッチ糸処理は完成。糸の抜き忘れが無いか、再度確認しておこう。新品のスニーカーからソールを外す作業はいつも心が痛むが、本当に履きたい1足をレストアするには避けられないのが悩ましい。

>>

交換用ソールの取り外し

RESTORE SKILL

ヒートガンを使用してソールを外すきっかけとなる隙間を確保する

1994年製AIR JORDAN 1では接着剤が劣化していたので、ステッチ糸を外すだけで簡単にソールを外す事ができた。それに対して交換用のソールを外す2017年の復刻モデルでは接着力は衰えておらず、スニーカーとして着用するに相応しい耐久性を維持している。この強力な接着力を攻略するのは、接着面に熱を加え、接着剤を剥がす溶剤を活用する必要がある。ここで紹介する工程は、ソール外しの初期段階として、作業の切っ掛けとなる隙間を確保するのが目的だ。プロショップの手順を確認し、頑固な接着力を攻略する手順を習得しよう。

21 ソールを外す作業の切っ掛けとなる隙間を確保する。最初に隙間を作る場所の指定にルールは無いものの、曲線を描くつま先やヒール部よりも、土踏まず周辺などの平坦な部分の方が作業を進めやすいだろう。今回の作例でもソールの中央部分に熱を加え、作業用の隙間を確保する。

22 スニーカーに使用される接着剤は、乾燥した状態でも高温に弱い性質を持っている。その性質を利用するため、ソールの接着面にヒートガンで熱風を当てていく。ヒートガンはドライヤーに比べて高い温度の熱風を得ることが可能な工具。一般的なドライヤーでは、この工程では役不足だ。

23 ヒートガンで十分に熱を加えたらマイナスドライバー等の工具の先端をアッパーに押し付けるよう、ソールとの接着面にねじ込んでいく。ここで使用する工具は先が薄く平らであれば何でも良く、画像では大型で先平タイプの毛抜きを使用している。手に馴染む工具で作業を進めよう。

24 熱を加えた箇所の温度が下がる前に作業を進め、アッパーとソールの接着面に隙間を確保した状態。無理に工具の先端をねじ込もうとするとソールの縁部分を破損するリスクが生じるため、慣れるまでは加熱とねじ込み作業を繰り返し、少しずつ隙間を広げるのが肝心だ。

>>

交換用ソールを全体的に加熱

熱湯をスニーカーに注ぎ込むという理にかなったリペアスキル

強固なソールの接着剤を攻略するため、様々なスキルを併用していく。この工程ではソール接着面の隙間を広げつつ、沸騰したお湯をスニーカーに注ぎ込む衝撃的なリペアスキルをレポートする。お湯をスニーカーに注ぎ込む手法はソールの接着面全体を内側からまんべんなく熱する事が可能で、実に理にかなったリペアスキルと言えるだろう。スニーカーのリペアに興味が無い人にとっては衝撃的な見た目の作業になるため、自宅で同様の作業を行う際には他に誰も居ない環境で行うか、家族の了解を得てから作業するのをお忘れなく。

25 前項で行った隙間作り作業と同様に、他の位置でもソールの接着面をヒートガンで加熱してアッパーとの隙間を確保する。ソールの縁にある巻き上げ部分は特に強力に接着されている部分なので、少しでも多くの隙間を確保する作業がソールの外しやすさに大きく影響するのだ。

26 先の平らな工具を利用して、ヒール寄りの部分にも隙間を確保する。この作業で使用する工具に制限が無いのは事実なのだが、先端が鋭利な刃物状だと交換に用いるソールユニットを傷つけてしまうのは、本書を手にするレベルの読者であれば改めて説明する必要は無いだろう。

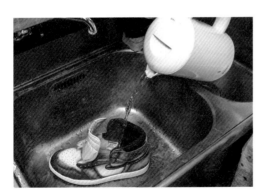

27 アッパーとソールの接着剤全体に熱を加え、接着剤を柔らかくしてソールを外しやすくする事を目的に、隙間を作ったAIR JORDAN 1をシンクに置き、履き口から熱湯を注ぎこむ。温度が高い方が接着剤を柔らかくする効果を発揮するので、沸騰したてのお湯を使うと良いだろう。

28 熱湯を注いでしばらく置いたAIR JORDAN 1の接着面に圧を加えると、事前に確保した隙間と隙間の間が剥がれかけているのが確認できた。全体の接着強度が弱くなっている証なので、手で触っても問題ないレベルまで温度が下がったのを確認したら、素早く溶剤を使う工程に進んでいこう。

交換用ソールの接着を剥がす

アセトン等の溶剤を使用して一気にソールを剥がしていく

接着部分に働きかける溶剤であるアセトンを使ってソールを外していく。パーツの接着力を弱める溶剤なので、ソールの接着面だけでなく、アッパーにもダメージが蓄積するのは避けられない。交換用ソールを外す側も「後でソールを付けなおすかもしれない」とダメージを残さずに作業したくなるのも人情ではあるが、ソールを外す作業が重労働であるため、ソールを取り外したアッパーに、再びソールを取り付ける気分になるケースは少ないだろう。現実的には作業効率を優先し、アッパーのダメージを考慮せずソールを外すのが正解だ。

29 プロショップの職人は、履き口部分から大量のアセトンを流し込んだ。取材時に思わず「そんなに？」と声をあげたほどの思い切りの良さだ。アセトンは揮発性が高く、臭いもきつい溶剤であるため、個人の作業で大量にアセトンを使用する際は、確実に換気可能な環境で作業しよう。

30 予め先の細いノズルが付いた容器に移しておいたアセトンをアッパーとソールの間に確保した隙間に流し込み、ソールユニットの接着力を低下させる。アセトンはソールユニットに内蔵されるウレタン等にも多少のダメージを与えるため、なるべく短時間で作業を完了させるのが望ましい。

31 アセトンの効果が現れていれば、アッパーのつま先部分をつかみ、力を込めて引き上げると一気にソールが剥がれ出す。力尽くに近いイメージでアッパーを引き上げるのがポイントだ。アッパーとソールの接着部分に常にアセトンを流し込むと、ソールが剥がれるスピードも加速する。

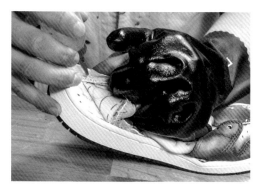

32 前半部が外れたら同様の手順でヒール部からもソールを剥がしていく。この作業時間はアセトンを使い始めてからこの状態まで10分程。アセトン等の溶剤を使わずともソールを外す事は可能だが、新品スニーカーの接着強度は手強く、数時間スニーカーと格闘する覚悟が必要だ。

AIR JORDAN 1 CHICAGO (1994)

交換用ソールのクリーニング

取り外したソールのコンディションとサイズ感を確認する

RESTORE
SKILL

多くのソールスワップ事例において最大の難所となる新品ソールの取り外しも完了。この段階でレストアベースのアッパーと取り外したソールを仮合わせして、サイズ感を確認する。ソールスワップの対象がAIR JORDAN 1の場合、ソールのサイズ感は年代によって大きく異な

るケースは稀で、今回も同じサイズ表記のスニーカー同士の組み合わせで問題は無さそうだ。但し近年バリエーションが増加中のZOOM AIRを搭載したAJ1は、ソールの形状そのものが異なるため、交換用ソール目的に購入するのは避けた方が無難だろう。

33 交換用の新品ソールの取り外しが完了。アセトンを使用しているとはいえ、短時間でソールを剥がす事に成功したのは、プロショップの職人が積み重ねた数多くの経験があってこそ。自身で作業を行う際は可能な範囲で手早く、確実な作業を心がけるのが目標達成への近道だ。

34 取り外した新品ソールのコンディションを確認し、前工程までに取り切れなかったステッチ糸等を取り除いておく。ソールユニットを剥がす際に使用したアセトンは短時間で揮発しているのだが、気になる人はこの状態で水洗いし、しっかりと乾燥させると気分的に良いかもしれない。

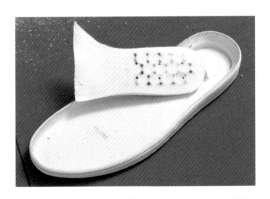

35 クリーニングを終えた交換用のソールユニット。ラバー製のカップソールの後半部分にウレタンでカバーしたエアバッグが内蔵される、AIR JORDAN 1特有の構造が確認できる。この構造は1994年の復刻モデルもほぼ同様。AJ1がソールスワップしやすい要因のひとつなのだろう。

36 取り外したソールを1994年製のアッパーに仮合わせする。製造年が大きく離れている影響なのか、長さのマッチングは問題ないものの、接着面が形成するラインがソールからはみ出しているのが確認できる。そのためソール側を整形し、アッパーを取り付けた際の深さを調整する事にした。

>>

ソールユニットの準備

エアバッグの再利用を諦めて代替品でソールの深さを調整する

アッパーの仮合わせ時に判明した深さのギャップは、思った以上に深刻なトラブルだった。一般的に取り付け時の深さの調整はソール側を削る事で対応するが、AIR JORDAN 1のヒール部にはエアバッグが取り付けられており、これを削るとエアバッグ自体が破壊する。その

難題を突破するために、プロショップの職人はエアバッグの再利用を諦め、代替素材に変更してソール深さを調整する手法を選択している。新たに代替パーツを製作するのは手間を必要とするものの、この作業を行わなければレストアを進める事は出来なかったのだ。

37 取り外したソールユニットに残る接着剤を、ハンディルーター等で除去していく。仕上がり時の強度に関わる作業なので、丁寧に接着剤を取り除こう。この工程ではクリーニングと同時に接着面全体にヤスリ掛けを施して、プライマーや接着剤の食いつき向上に働きかけるのもお忘れなく。

38 ソールユニットの接着面クリーニングにおけるビフォー＆アフター。接着面を指で触り、滑らかな感触に仕上がっていれば完了だ。当初はここにエアバック周りのユニットを組み込んでアッパーに取り付ける予定だったが、取り付け時の深さを調整するために代替品のパーツに交換する選択を採用している。

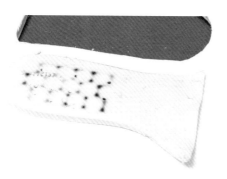

39 靴の修理素材として販売されているスポンジシート(EVAシート)にエアバッグが内蔵されたクッショニングパーツを乗せ、型紙として使用する。このスポンジシートは100均ショップでも取り扱いがあり、厚さも数種類展開されているので、購入する際にはパーツの厚さに近いシートを選択しよう。

40 スポンジシートにのせたパーツをガイドラインにボールペンで型取りし、周囲に余白を残すようにハサミで切り出していく。ソールに組み込む時には左右非対称のパーツが必要になるものの表裏でどちらの足にも対応可能なので、この工程で同じ形状のパーツを2個製作するのも良さそうだ。

ソールユニットの準備

エアバッグの代替素材の整形とサイズの微調整

スポンジシートから切り出したエアバッグの代替パーツを整形する。商品名にAIRの文字が使われるスニーカーだけに、エアバッグを代替品に交換する作業に抵抗が無いと言えば嘘になるが、1994年製のAJ1を新しいソールでレストアする為には背に腹は代えられない。ちな

みにエアバッグをEVAシート等の代替品に交換すると、僅かではあるものの軽量化し、履き心地も微妙に柔らかくなる。更に言えば経年劣化への耐性も向上する。エアバッグを搭載したスニーカーというプロフィールにコダワリが無ければ、良いこと尽くめの仕様変更なのだ。

41 シューマシンのグラインダーを使って、切り出したパーツを整形する。個人での作業はハンディルーターを使うのが一般的だが、曲線を描く当て木が用意できれば、目の粗いサンドペーパーを使うのも良さそうだ。削り過ぎた部分は元に戻せないので、状態を確認しながら作業を進めたい。

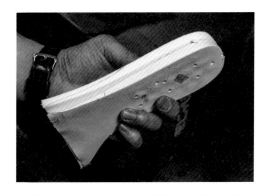

42 AIR JORDAN 1のソールから取り外したパーツは、エアバッグを含まない部分のウレタン素材が、土踏まず部分からつま先方向に向かって低くなるように設計されていた。そのディテールを代替パーツでも再現するため、側面に目安となるラインを描き、前半部がクサビ状になるように整形していく。

43 シューマシンのグラインダーを使用して、代替パーツの前半部に傾斜を付けていく。個人の作業で代替パーツに傾斜を付ける際には、ハンディルーターよりも平らな板にサンドペーパーを固定して、パーツを押し当て、広い面でヤスリ掛けするように削った方が安定するかもしれない。

44 ソールに代替パーツを組み込んで形状を確認する。今回の作例ではトラブル回避の目的でエアバッグを代替素材に交換しているが、アッパーとソールを仮合わせし、接着位置の深さに問題が無ければ、もちろんレストアしたスニーカーでエアバッグを再利用するのは問題ないので念のため。

ソールユニットのプライマー処理

RESTORE SKILL

ソールユニットの最終クリーニングとプライマーの塗布

アッパーにソールユニットを取り付けるファーストステップはプライマー処理だ。別の作例紹介枠でも触れているが、プライマーとは素材と接着剤を馴染ませ、接着強度を向上させるために塗るもの。接着面全体にプライマーを塗り、表面が乾いたら接着剤を塗る手順で作業す

る。素材に応じたプライマーが販売されているので、実際に使用する際にはプライマーの特性を確認する事が必要になる。現在はスニーカー用のプライマーが複数発売されているので、今回取材したプロショップをはじめ、プライマー選びに悩んだときは販売店に問い合わせよう。

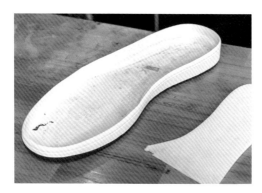

45 接着準備が整ったAIR JORDAN 1のソールユニットと、貼り合わせ時の深さ調整目的で作成した代替パーツ。ここからの工程は、ソールに代替パーツを貼り付ける作業からスタートする。この画像で上を向いている側が最初に接着する面になるので、双方にプライマー処理を行っていこう。

46 双方の接着面を確認し、ホコリや古い接着剤の残りなどをプライマーを塗る前にクリーニングする。もしも古い接着剤を見つけたら、改めてハンディルーターやアセトンでクリーニングを実施する。アッパーにソールを取り付けた後には確認できなくなるので、念には念を入れるのだ。

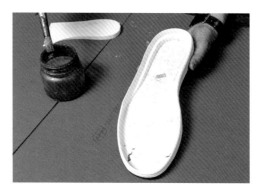

47 ソールの接着面全体にプライマーを塗り、指で触っても付かなくなるまで乾燥させる。さらに代替パーツの接着面にもプライマーを塗布して乾燥させておこう。ソールのラバーと代替パーツのウレタン（EVA）は異なる素材なので、プライマーが対応しているかの確認も忘れずに実施しよう。

48 プライマーを塗る際にはソールの前後端や端の巻き上がった部分など、着用した際に負荷が掛かり、高い接着強度が求められるポイントは塗り残しが無いように注意しよう。無色透明のプライマーでは塗った場所を確認するのが難しいため、乾燥した後に二度塗りを施すのも賢い選択と言える。

>>

アッパーのプライマー処理
レザー素材に適したプライマーをアッパーの接着面に塗布する

ソールの接着面に塗布したプライマーを乾燥させる時間を利用して、下処理を終えたアッパーの接着面にもプライマーを塗ってしまおう。この工程では、レザー素材に対応したプライマーを選ぶのをお忘れなく。特にソールに使われるラバーとは異なるプライマーが必要なケースが多いので、塗る前に必ず商品の特性を確認しよう。余談になるが市販されているスニーカー用接着剤の中にはプライマー不要と表記されるタイプも存在する。ただそれに気づかずプライマーを塗っても対応する素材さえ合致していれば、接着強度が落ちる心配は無いそうだ。

49 レザー素材に適したプライマーを用意する。今回の作例を取材したプロショップ「スニーカーアトランダム」では、オリジナルブランド「ARATA」からレザー素材に適したプライマーを発売中との事。今回の作例でも、実際に発売されているタイプと全く同じプライマーを使用して頂いた。

50 アッパーの接着跡に沿うように、レザー素材用のプライマーを塗布していく。作業時にはみ出しても、乾燥する前であれば乾いた布等で簡単に拭き取れるので安心しよう。特にソールのサイドを接着する部分は高い接着強度が必要なので、塗り残しが無いよう丁寧に処理しておきたい。

51 アッパーのサイド部にプライマーを塗布したら、底面にもプライマーを塗っていこう。このプライマーには即乾性が無いため、慌てずに作業を進めて問題ない。乾燥時には風通しの良い場所が望ましいが、せっかく塗ったプライマーにホコリ等が付着しない環境を選ぶのも忘れずに。

52 接着面にプライマーを塗布したアッパーを乾燥させる。しっかりと塗布が完了していれば二度塗りの必要は無いものの、実際に作業してみると、塗り残し箇所は意外と気付きにくいものだ。特に作業を急ぐ理由が無ければ、乾燥後にプライマーを二度塗りするのが賢明な選択になるだろう。

エアバッグの代替パーツを接着する

ソールスワップの基本は接着剤処理と乾燥の繰り返し

エアバッグを含むパーツを参考に製作した代替パーツをソールに接着する。AIR JORDAN 1に限らず、スニーカー用接着剤を使用するソールスワップで最も時間を要するのは接着剤の乾燥だ。念を入れて接着剤を二度塗りすれば、必要な作業時間も倍になる。使用する接着剤の

特性や気温にも左右されるが、1回の乾燥時間は概ね1時間から2時間程。待ち時間にじれてしまう気持ちも分かるが、乾燥が不十分だと接着力が低下するリスクが高くなる。個人で行う際には時間に余裕のあるタイミングに設定し、のんびりと腰を据えて作業に挑もう。

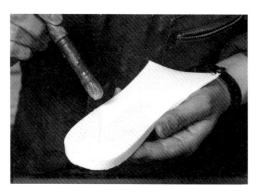

53 プライマーの乾燥が確認できたら、代替パーツの接着面にスニーカー用接着剤を塗布していく。念を入れるならば乾燥後に二度塗りすべきだが、ソールの窪みに収める形で接着するので位置がずれるリスクは低い。パーツの整形が完全であれば、1度の塗布と乾燥だけで問題は無さそうだ。

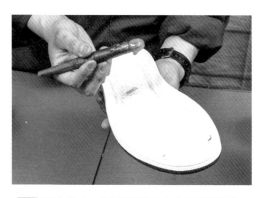

54 同じくプライマーの乾燥を確認したソールにも接着剤を塗っていく。この際、代替パーツを取り付ける部分だけでなく、ソールの縁を含む接着面の全てに接着剤を塗っても構わないが、代替パーツの貼り付け時に、意図しない箇所に貼り付けてしまう可能性が生じてしまう事を理解しておこう。

55 ソールと代替パーツに塗った接着剤が指で触っても付着しない程度に乾燥したら、ソール内側の窪みにあわせ、代替パーツをはめ込もう。両足分の代替パーツの形状は同じだが、貼り付ける側で表裏が逆になるので注意。この時点で高い接着力があるので取り付け位置の確認は慎重に。

56 ソールの窪みに代替パーツをはめ込んだら、圧を掛けて完全に接着する。プロショップではシューマシンのプレスを使用していた。この工程でエアバッグを代替パーツに交換するリペアは完了。オリジナルよりも経年劣化に強く、快適な履き心地が長く楽しめるソールユニットの完成だ。

アッパーとソールの接着

スニーカーとして着用する際に必要な強度の確保が絶対条件

代替パーツの取り付けと接着面のプライマー処理が完了したらアッパーとソールを貼り合わせる。ステッチ糸でソールを縫い付けるAJ1だが、ソールの接着強度はこの工程で確保する。トップアスリートが使用するパフォーマンスモデルでは無く、スニーカーとして着用するのが主目的の現代では求められる接着強度も異なるのだ。逆に言えばここからの工程に不備があり、十分な接着強度が確保できなければ着用時にアッパーのソールの間に隙間が生じてしまう。オパンケ縫いの作業にも影響を及ぼす事情もあるので高い精度で接着しなくてはならない。

57 代替パーツを取り付けたソールの接着面にプライマーを塗り、乾燥が確認出来たらアッパーと仮合わせを実施。新たに制作したパーツと干渉するヒール部の深さなど、接着前の最終確認を行っていく。ここまでの工程に不備が無ければ、この仮合わせで修正点が見つかるリスクは低いハズだ。

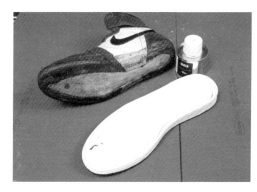

58 乾燥させてから貼り合わせるタイプのスニーカー用接着剤を用意する。この作例では取材先のスニーカーアトランダムが展開するオリジナルブランド、「ARATA」のスニーカー用接着剤「Glue」を使用して接着。店頭やWebショップで発売されているタイプと同じ接着剤なので参考になるだろう。

59 前工程でプライマー処理を施したアッパーの接着面にGlueを塗り、表面が指で触れる程度まで乾燥させる。サイド面に巻き上がった接着位置にも、しっかりと塗布するのを忘れずに。ここからの接着工程が強度を大きく左右するため、塗布した接着剤の乾燥後、全体に二度塗りを施すのが望ましい。

60 ソールの接着面にもGlueを塗布。アッパーと同様に、乾燥を確認したら二度塗りを実施する。1度の塗りで最低でも1時間から2時間程度の乾燥時間が必要となるものの、高い接着力を引き出すには絶対に必要な作業時間である。乾燥までを楽しむ位の余裕をもって作業したい。

RESTORE SKILL

アッパーとソールの接着

接着の出来を左右する位置合わせは好みの位置を選んでOK

2度塗りした接着剤の表面を指で触り、ペタペタとした感触になりつつも指に接着剤が付着しない状態であれば乾燥の完了だ。感覚としてはガムテームの接着面をイメージすれば良いだろう。接着剤の乾燥を確認したら、遂にアッパーにソールを貼り合わせる。指で触れた感触

の通り、スニーカー用接着剤を使ったパーツの貼り合わせは、ガムテープの接着面同士を貼り合わせるようなもの。位置がずれる等の失敗が起きてもリカバリーが難しく、一旦接着剤を除去して再度塗りなおさなくてはならない。プロショップの職人も緊張する一発勝負の工程だ。

61 接着剤の乾燥を確認したアッパーとソールを持ち、視点を動かしながら慎重に位置合わせを行っていく。最初に位置合わせする場所は、つま先かヒールの端に設定するのが一般的。プロショップの職人でもつま先派とヒール派に分かれるため、どちらの効率が優れているという事はなさそうだ。

62 今回の作業を担当して頂いたスニーカーアトランダムの新保さんは、ソールスワップの貼り合わせを行う場合、最初につま先で位置を合わせるのが好みとのこと。アッパーの中心を意識しながらソール先端部のカーブに合わせるように位置を決め、ソールとアッパーを貼り合わせていく。

63 つま先部をポイントに位置を決めたらソールにアッパーを押し込み、アッパーとソールの先端を固定する。続いて周囲の補強パーツ部も接着してアッパーの位置を固定した。レストベースの1994年製AJ1のようにつま先部のレザーが柔らかい場合は、特に慎重な作業が要求される。

64 つま先部の固定を確認したらシューズを持ち直し、ヒール部分の貼り合わせに進んでいく。手順としては先端部、後端部、そして中央部の順に貼り合わせる流れを選択している。つま先の位置合わせが正しければ、アッパーのヒール部も自然にソールのカーブに納まってくれるハズだ。

>>

RESTORE SKILL

アッパーとソールの接着

最初の位置合わせの精度が仕上がり時の見栄えを決定する

先端部に続き、アッパー全体をソールに貼り合わせていく。シューズのカタチが実感できる、ソールスワップの山場とも言える工程だ。今回取材した作例では1度の位置合わせで見事にソールにアッパーが収まっているが、この精度の高さは経験を重ねたプロショップの職人だか

らこそ。初めてソールスワップに挑戦する際は、多少位置がずれてしまうのも仕方が無い。着用に適さない程にずれた場合は再接着しなければならないが、我慢可能な程度であれば次回作に向けた経験と妥協して、次の工程へと進む割り切りも必要だ。

65 つま先部の位置決めに続き、ヒール部でパーツを合わせていく。アッパーとソールのヒールが描くカーブを合わせるように、慎重に中心を合わせよう。シューズのサイド部は最後に接着するため、この段階で接着面が触れないように、アッパーを少し湾曲させるような力加減で作業していこう。

66 ヒール部の中心で位置を合わせ、アッパーをソールに押し付けるように接着する。その後シューズの内側に手を入れ、指で貼り合わせる要領で圧着すると位置が完全に固定できる。シューズの前後端での位置合わせ工程が上手くいけば、ソールスワップも成功したのも同然だ。

67 シューズの前後端に続き、サイド部分も接着する。流れとしては土踏まず周辺の中央部を固定して、その後に前後端との間を貼り合わせるように作業を進めていく。一度に広い箇所を貼り合わせるのではなく、点で位置を合わせる工程を繰り返し、点と点を繋ぐイメージで作業をこなしていこう。

68 アッパーとソールの貼り合わせが完了した。同じAIR JORDAN 1の復刻モデルとはいえ、1994年に製造されたアッパーと、2017年製造のソールが違和感なく合わせられるのは驚きだ。こうしたパーツの互換性の高さも、AJ1のソールスワップを楽しむユーザーが多い理由のひとつなのだろう。

ソールにオパンケ製法特有のステッチを施す

オパンケ製法を使いこなせばスニーカーリペアスキルも一人前？

貼り合わせたアッパーとソールに圧を加えしっかりと固定させたら、ステッチ糸でソールを縫い付けていく。オパンケ製法と呼ばれるこの工程はAIR FORCE 1やDUNK等、オリジナルが1980年代前後に発売されたスニーカーに多く見られるもの。人気の復刻スニーカーが数多く誕生した時代に主流だった製法であり、その技術を身に付ければ様々なスニーカーで応用できるだろう。スニーカーのレストアにおいて、上級者を目指すのであれば会得すべきスキルのひとつと評しても過言ではない。ここからレポートする職人が手掛けるオパンケの手順は見逃せない。

69 靴修理用の台金と呼ばれる工具を使ってソール側から圧をかけ、しっかりと接着させる。プロショップが使用する台金は、シューズ内部のソールを当てる部分が足の形を模した絶妙なカーブが形成され、効果的に圧がかけられる仕様になっている。古くから靴職人の御用達であり続けるアイテムだ。

70 取材したプロショップでは台金の圧着に加え、シューマシンで更にソールをプレスしていた。台金だけでも十分な接着力が得られるそうだが、念には念を入れる意味での工程になる。アッパーとソールに十分な圧を加え高い接着力を確保したら、いよいよオパンケ製法の工程に突入する。

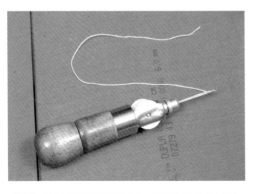

71 オパンケ製法と聞くと何やらハードルの高さを感じるかもしれないが、その作業の根本は、レザークラフトでも一般的なハンドミシン（手縫い）でステッチを施すものだ。準備する工具もステッチャーと呼ばれる手縫い機と、0番手と呼ばれる太く耐久性に優れるステッチ糸だけ。あとは実践あるのみだ。

72 ここで紹介するのはソールの外側から縫い針を刺すオパンケだ。シューズの内側から針を刺す手法に対し、ソールに残ったステッチ穴をガイドに活用できるので、針を刺す位置に困らないのが最大のメリットになる。ステッチャーにステッチ糸をセットしたら、早速オパンケ縫いを開始しよう。

>>

ソールにオパンケ製法特有のステッチを施す

AIR JORDAN 1を呼ばれるスニーカーにはミッドソールのステッチが欠かせない

アッパーと貼り合わせたソールユニットにステッチを施していく。ソールの接着強度は既に確保しているので、ステッチを入れなくてもスニーカーとして使用する事は可能だ。ただ、そうしたスニーカーをAIR JORDAN 1を修理してまで履き続けたいと考えるファンに相応しいとは思えない。

ましてやここでレポートするのは、リペアを超えるレストアスニーカーに相応しい完成度を目指すものだ。レストアスニーカーを名乗るのであれば、ミッドソールにステッチが入らないAJ1などあり得ない。オパンケ製法は強度面だけでなく、自身を納得させるためのレストアスキルだ。

SOLE SWAP/ソールスワップ
>> AIR JORDAN 1 CHICAGO (1994)

73 ステッチ糸をセットしたステッチャーの針を、ミッドソールに残るステッチ穴に差し込んでオパンケ縫いをスタートする。ソールスワップではソールの穴とアッパーに残る穴の位置が異なるのが当たり前なので、針を刺すのはレザーパーツに新たな穴を作るのと同意。それなりの力が必要となる工程だ。

74 シューズの内側に縫い針の先端が突き抜けたら、ステッチャーに通していない側の糸を引き抜き、シューズ1周分以上の長さを内側に垂らす。その工程が完了したら一旦針を抜き、ミッドソールに残る隣の穴に再び針を差し込んでやる。その後ステッチャーを少し引くと、縫い針の先端にループが形成される。

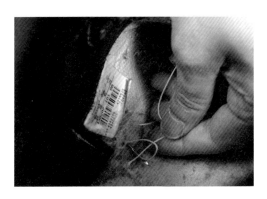

75 シューズの内側に形成したループに、前工程で垂らしておいたステッチ糸を通していく。このループに糸を通す作業は慣れが必要で、手探りで行うと高い確率で縫い針を指に刺してしまうので注意。なるべくシューズ内部を目視しやすい位置から縫い始めるのも作業を円滑に進めるコツと言えそうだ。

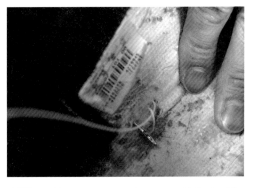

76 ループに通した糸を引き上げると共に、反対側の糸を均等な力で引くと、1目分の縫いが完了する。この工程をミッドソールを一周するように施すのがオパンケ製法だ。ここで使用するステッチ糸にロウを引いたタイプを使うと糸が緩みにくいものの、針の穴が詰まる現象が生じるのが悩ましい。

>>

AIR JORDAN 1 CHICAGO (1994)

ソールにオパンケ製法特有のステッチを施す

スニーカーのソールスワップではつま先部分のステッチが最大の難関になる

オパンケ製法のステッチは同じ作業の繰り返しなので、コツを掴んだらテンポ良く縫い進めよう。作業はアッパーとソールを貼り合わせた状態でのハンドステッチになるので、部位によって難易度も変わってくる。手元が見えにくいつま先部のステッチは、AIR JORDAN 1のソー

ルスワップ全行程でも、最難関とも言える作業となる。ここからのレポートではオパンケ製法のコンプリートまでの流れや、つま先部でも作業を進めやすくなるアイデアにもフォーカスを当てていく。作業現場から生まれた職人の発想を自身のリペアスキルに取り入れよう。

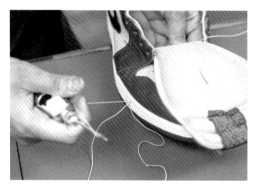

77 ソールに針を刺して内側にループを作り、反対側の糸を通して引き上げる。オパンケ縫いは基本的にこの作業の繰り返しだ。作業の途中で糸が切れた場合は一旦糸を結んで固定して、再び縫い始めればリカバリーできる。自然な流れで進められるよう、作業のテンポを身体に覚えさせよう。

78 AJ1に限らず、スニーカーのオパンケ製法で最大の難関となるのはつま先部だ。その理由は手元が見えにくく手探り状態での作業となり、ループに糸を通すのが困難になるからだ。さらにループの近くには縫い針の先端があるので、作業に慣れるまで何度か指に刺す事になるだろう。

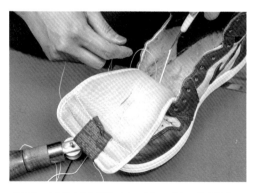

79 つま先部の作業を楽にするアイデアのひとつが、編み物に使われている「かぎ針」を使ってループを引き寄せ、目に見える場所で糸を通すアイデアだ。ロウ引きの刺しゅう糸を使用している際には目が詰まりやすくなるものの、針を指に指すリスクを踏まえると、参考にする価値の高いアイデアだ。

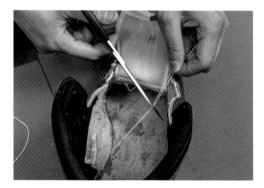

80 ソールを一周するようにステッチを施したらシューズの内側で糸を結び、余分な糸を切り離せばオパンケの完成だ。内側に露出する糸の端はインソールに隠してしまおう。糸がインソールからはみ出すリスクが気になる場合には、マスキングテープで固定からインソールを装着すると良い。

>>

インソールの交換

街履きスニーカーに特化したインソールで快適性をアップ

オパンケが完了したらインソールを装着する。1994年製のインソールは劣化が進んでいたので、今回は別売りのインソールを使用する。インソールと言っても奥が深く、100均ショップで手に入るタイプから1セットで1万円を超えるハイフォーマンスモデルまでピンキリだ。1万円を超えるインソールの履き心地は別格の素晴らしさであるものの、その用途はランニング等のシリアススポーツであり、スニーカー用としてはオーバースペック。今回は街履きに適した特性を重視し、コストパフォーマンスにも優れる商品から装着するインソールを選ぶ事にした。

81 今回の作例で交換用のインソールに選んだのは、Kicks Wrap（キックスラップ）ブランドのAIR Insoleだ。高反発EVA素材を使用するインソールで、クッション性と通気性に優れる特徴を有している。価格も1足あたり1500円以下（販売チャネルで異なる）と手頃で使いやすいのもポイントだ。

82 AIR InsoleにはM（25〜27.5cm）とL（28〜31cm）の2サイズがあり、実際のインソールに合わせてカットして使用する。素材をカットする時も一般的なハサミを使用すれば問題ない。前工程で取り外していたオリジナルのインソールをAIR Insoleに重ね、はみ出した部分を切り取っていく。

83 シューズの内側にAIR Insoleを装着した状態。ロゴを保護していた薄いシールは取り外して使用する。AIR Insoleはオリジナルのインソールに比べると立体的な形状で、素材にも若干の厚みがあるのでサイズ感が変わるのではと心配したが、実際に足を入れて確かめても問題は無さそうだ。

84 1994年製のAIR JORDAN 1のソールスワップが完了。一般的なスニーカーリペアであればここにシューレースを通せば完成だが、今回のテーマは「1994年モデルのエイジングも楽しむフルレストア」である。次からの工程で、ファンの所有欲を更に高めるレストアテクニックをレポートする。

≫≫

アッパーに入ったシワのリペア
古びたアッパー素材の表面をスチームアイロンがけ

リペアの先にある世界観を楽しむレストアスニーカーで大切な要素のひとつに、そのスニーカーが重ねてきたであろう時間の演出がある。エイジングというキーワードに置き換えることが可能な要素だが、それは単純に"古い見た目"を意味するものではなく、スニーカーが醸し出す時間のバランスを整える事が本質にある。スワップでソールユニットから感じ取れる時間が巻き戻されたのであれば、アッパーの状態も可能な範囲で若返らせる施策を取り入れるのも、レストアスニーカーには必要と言える。そのコンセプトの元、アッパーに入る細かいシワをケアしていく。

85 トウボックスと呼ばれるつま先部分に入るダメージが目立ち、スニーカーに興味が無い人にとっては"ゴミ"に等しいコンディションだ。この後の工程にて、レザー素材に入るダメージをペイント等でリカバリーするのではなく、シンプルな方法で少しだけコンディションを回復する方法を伝授しよう。

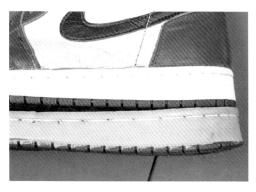

86 日焼けが進んだソールスワップ前のミッドソールに比べると、交換した新しいミッドソールはあまりにも白すぎた。この純白のミッドソールはシューズ全体の調和を乱す要因になっているので、こちらもペイントとは異なるアプローチで作業を施し、アッパーとのバランス感を求めていく。

87 シューズのつま先に乾いたタオルをギュウギュウに詰め込んで型崩れを防いだら、表面に別のタオルを当て、スチームアイロンでアイロンがけを行っていく。この工程はレザー素材の細かいシワを伸ばすのが目的なので、アイロンを長時間押し付けるのではなく、手早くアイロンがけする必要がある。

88 トウボックスにスチームアイロンをかけた状態。表面の塗料が剥がれたダメージ部分は変わらないが、細かい履きジワが延ばされて発色が若干明るくなっているのが分かるだろうか。その効果は画像よりも実物の方が分かりやすく、少しだけスニーカーが若返ったような感動が得られる仕上がりだ。

ミッドソールのエイジング

スニーカー用の染料を使用してアッパーに相応しいミッドソールに仕立てる

交換したミッドソールにスニーカー用の染料を使用して、年代を重ねたアッパーに相応しいルックスに仕立てていく。今回の作例で使用するのはAngelus（アンジェラス）ブランドのレザーダイ。Angelusはスニーカー用の塗料でもお馴染みのブランドだが、塗料で地色を隠すペイントとは異なり、染料による作業は地色が活き、時間が経てば退色が進む。最終的にはまるで長い時間を掛けて変色したような仕上がりとなるのだ。1994年モデルが有していた"長く使い込んだ風合い"を取り戻すかのような、存在感のリペアと表現したくなる工程である。

89 今回の作例で使用したのはレザーダイの「ライトブラウン」と「ナチュラル」。ナチュラルは薄め液のように使用するクリアタイプだ。Angelusのレザーダイは一般的な染料よりも強い顔料を使用しているので、ミッドソールのカラーを調整するような作業ではナチュラルで濃さを調整するのが必須になる。

90 レザーダイの濃さを確認するには、白色のキッチンペーパーに含ませると分かりやすい。一般的な塗料と異なり、染料は重ね塗りするのが難しい（不可能と考えても良い）特性を有している。最初に塗った色が仕上がり時の見た目を決定するので取り外した古いソールを参考に濃度を調整しよう。

91 濃度を調整したレザーダイを、筆を使ってミッドソールに塗っていく。新品らしさが際立っていたソールがヴィンテージ感を取り戻していく様に感動すら覚えるだろう。レザーダイは革素材に対応した染料なので、アッパー側にはみ出ると簡単に染まってしまうため、個人の作業時ではマスキング処理を行う方が安心だ。

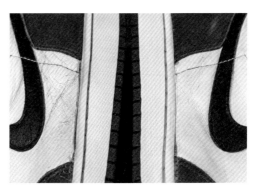

92 両足のミッドソールにレザーダイを塗り終えた状態。塗った直後は若干色の濃さを感じるものの、乾燥すると少し明るく仕上がるのが興味深い。一般的な塗装ではネガティブとなる"塗りムラ"も、エイジングを目的とする作業では味わいとなる。自然なムラを表現するのも、ある意味テクニックだ。

>>

トウキャップ部分のプロテクト

シューズの履きジワをプロテクトしてくれるアタッチメントを装着

今回の作例ではつま先部分のシワをスチームアイロンで処理して、顕著なエンジングディテールを残しつつ、細かいシワを伸ばしている。ただ、この作業を施してもスニーカーを履いてしまえば再びシワは入ってしまう。スニーカーを着用する際には避けられないシワを入りにくくするアタッ

チメントが、取材先であるスニーカーアトランダムのオリジナルブランド「ARATA」から発売されたスニーカーシューガードだ。このAJ1もトウキャップのリペアを行っているので、現状のコンディションを長く楽しむ為にスニーカーシューガードを取り付けていく。

93 ARATAブランドのスニーカーシューガードは、スニーカーのつま先部分の内側に装着して、レザースニーカーを着用する際には避けられない"履きジワ"を抑えるアタッチメント。左右1足で税込990円というお手頃価格で、つま先部に極力履きジワを入れたくないスニーカーファンには朗報だろう。

94 スニーカーシューガードはMサイズ（24.5〜27.5cm）とLサイズ（28cm〜31cm）が用意。ハサミでカットすれば、使用するスニーカーに合わせてサイズの調節が可能。取り付け方も簡単で、インソールを取り外したシューズの内側に半円状の切り欠きが小指の側になるよう差し込むだけだ。

95 つま先部分にスニーカーシューガードが収まったのを確認したら、インソールを差し込み、パーツの両端を押さえてやれば完了だ。つま先部にアタッチメントを取り付けるため履き心地が心配になるかもしれないが余裕のある形状に仕立てられているらしく、足への干渉が気になる事は無かった。

96 プロショップでの作業工程を全て終えたAIR JORDAN 1。ミッドソールの染めも馴染んでおり、一見しただけではソールスワップを施した1足とは分からない仕上がりだ。ここまで1994年モデルらしさにこだわったレストアであれば、そこに通すシューレースにも強いコダワリを持つべきだ。

シューレースのセレクト

RESTORE SKILL

積み重ねた時間を再現したレストアスニーカーに相応しいシューレースとは

エイジングの進んだ状態を再現したAIR JORDAN 1に相応しいシューレースを選ぶのは、意外と困難を伴うものだ。長年履き続けていたスニーカーではシューレースにもダメージが蓄積し、見た目や耐久性が低下している。リペアで履き心地も回復させているだけに、耐久性に不安が無い新しいシューレースに交換しておきたい。スニーカーをコレクションしているのであれば、予備のシューレースを何組か所有しているだろうが、あまり新品感を醸し出すシューレースを使用するとアッパーの雰囲気とのギャップとなり、違和感を醸し出してしまうのだ。

97 今回の作例ではアッパーのヴィンテージ感に合わせ、ミッドソールにもエイジング加工を施している。シューズ全体からヴィンテージ感を醸し出すAJ1に、他の復刻モデルから流用した新品のシューレースを通すと、ミッドソールを染める前に感じていたギャップを再び生じさせてしまうのだ。

98 オリジナル感を追求したリペアであればこそ、そこに通すシューレースも純正品にこだわるファンが存在する事は容易に想像できる。ただ純正のシューレースはカラーが限られており、ヴィンテージ調に仕立てられた純正シューレースが手に入る確率は、極めて低いと言わざるを得ないのが現実だ。

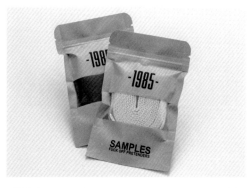

99 今回の作例に相応しいシューレースは、サードパーティが展開する製品を選ぶのが手っ取り早い。今回セレクトしたのはサックスプレイヤーであり、YouTuberとしても活躍する朝岡周さんがプロデュースする「SAMPLES」のシューレース。リストックされる度に即完売する程の人気アイテムである。

100 数種類のバリエーションを展開するSAMPLESのシューレースから「1985」と名付けられた170cmをセレクト。カラーは「ナチュラル」を選んでみた。編み込みの状態やチップこそオリジナルとは異なるものの、純正品にはない明るいセイルカラーからは探し求めたヴィンテージ感があふれている。

Complete

完成

職人がバトンを受け継いで完成したフルレストア仕様のAJ1

ソールスワップとエイジング加工を担当する2人の職人がバトンを受け継いだ、1994年製のAIR JORDAN 1。手を入れる前には興味が無い人から見ればゴミに等しい状態だったスニーカーを、快適に履ける状態まで回復させ、1994年発売の名作を履くという満足感が得られる逸品にレストアしている。このAJ1にはトウボックスを補強するアタッチメントや、高級感とヴィンテージ感を両立するシューレースと言った最新のツールも惜しむことなく投入されている。2021年における、最新かつ最先端のソールスワップ事例として自信をもって紹介できる作例だ。

作例で使用したSAMPLESのシューレースはコチラから。
※商品は売り切れている場合があります。

SHOP INFORMATION

スニーカーアトランダム
本八幡店

〒272-0021
千葉県市川市八幡2丁目13-12
TEL:047-704-9626
営業時間:11:00～19:00
定休日:毎週火曜

https://sneaker-at-random.com/

スニーカーアトランダム
高円寺店

〒166-0003
東京都杉並区高円寺南3-53-8
TEL:03-5913-7690
営業時間:11:00～19:00
定休日:毎週水曜(不定休日あり)

https://sneaker-at-random.com/

職人の手で完成したのは
ソールスワップとエイジングの
異なる作業を丁寧に施した
ファン納得のレストアスニーカー

SOLE SWAP
AIR JORDAN 1 CHICAGO（1994）

履き心地だけでなく
1994年モデルらしいエイジングを
レストアした1足は
すれ違うスニーカーファンも振り返る仕上がり
SOLE SWAP
AIR JORDAN 1 CHICAGO（1994）

難攻不落と噂されていた
DUNKとSB DUNKの
ソールスワップは
ソールユニットの加工で攻略

CASE STUDY
#09
SOLE
SWAP
DUNK ×
SB DUNK

CASE STUDY
#09
SOLE SWAP/
ソールスワップ

CASE STUDY #09

SOLE SWAP/ソールスワップ »
DUNK+SB DUNK

かつてプロショップが対応不可能と判断した
ソールサイズと形状が異なるDUNKをレストアする

同じDUNKの名前が付いていても、
1985年に発売されたバッシュとその復刻モデルである"NIKE DUNK"と、
スケートボーディング用にチューニングされた"NIKE SB DUNK"では様々なディテールに差異がある。
さらにシューズが生産された時代によってもソール形状に違いがあり、
DUNKのソールスワップに挑戦する際には何かと高いハードルが待ち構えている。
ここからのレポートでは、かつて他のプロショップがリペア不可能と判断したいわく付きの
DUNKとSB DUNKによるソールスワップを、新たなアイデアで壁を突破する工程を紹介する。

取材協力：リペア工房アモール

Start

RESTORE SKILL

作業コンセプトの確認

DUNKをソールスワップするテーマの裏側

オリジナルが1985年に発売されたDUNKは、AIR JORDAN 1と双璧をなす人気スニーカーだ。2000年前後には大量の復刻モデルが発売され、"裏DUNKブーム"が巻き起こったのも記憶に新しい。その人気モデルのソールスワップ需要が高まるのは当然の流れだが、今回はもうひとつのテーマを設定している。2000年前後の復刻DUNKは最近の復刻モデルに比べ、つま先部分のシルエットが低くシャープに仕立てられている。最新のソールユニットを使用したソールスワップでも、そのシルエットが保たれているのかも検証するのだ。

01 今回のリペアベースは1999年発売の初期復刻DUNK。ノースカロライナ大学（University of North Carolina）のチームカラーを連想させる水色から、カロライナやUNCと呼ばれている。2021年夏の再復刻が噂されているが、ユーズドの使い込んだ感も味があり、リペアして履き続ける価値がある。

02 スポーツ用では無く街履で使用していたため、ソールの減り自体は目立たない。DUNKのソール素材は加水分解するリスクは低い一方で、ラバーが経年劣化して硬化してひび割れてしまうリスクを抱えている。安心して履くには、ソールを新品にスワップするリペアは効果的だ。

03 冒頭で触れたつま先部分の厚さを比較するため、履き皺が入っていない新品状態の1999年発売モデルを用意した。この年代ではつま先部分に装着された補強パーツの高さ（幅）が低く、シューズ全体からシャープな印象が感じ取れる。1985年発売のオリジナルディテールを受け継いだシルエットだ。

04 比較用に撮影した2020年発売の復刻DUNK。同サイズ表記のDUNKだが、つま先の補強パーツが1999年モデルよりも高いため、全体的に丸みを帯びたシルエットに仕立てられている。つま先部分の余裕はスニーカーとしてはメリットだが、1985年のオリジナルとは異なる印象を受けてしまう。

››

RESTORE
SKILL

各ディテールのチェック

実際に作業する工程をイメージしてサイズ合わせの可否を判断する

今回用意したのは1999年に復刻された"カロライナ"と呼ばれるDUNKのアッパーと、2017年に発売され、後日アウトレットで購入したSB DUNK "BLACK IRIDESCENT"のソール。SB DUNKからソールを外す工程はP.097からのAJ1と同様なので割愛する。

サイズは同じ28.5cm（US表記で10.5）なのだが、1999年版のソールと比べるとソールの形状や大きさに差異が確認できる。先ずは職人の目で形状の異なるソールを取り付けることが可能なのか判断頂き、その見極めるべきポイントを伺った。

05 取り外した新旧DUNKのソール。どちらもサイド部分が巻き上がった"カップソール"形状になっているが、内側の縁の部分は1999年版が直角なのに対し、SB DUNK版はカーブ状に成型されている。この違いをクリアするため、SB DUNK版のソールに加工を施すのが必須となるのだ。

06 SB DUNK版のソールに1999年版のアッパーを乗せた状態。アッパーに比べてソールユニットがひと回り大きいのが分かるだろうか。本来であれば他のサイズの組み合わせも試してみたいが、現在はDUNK系のソールを使用したスニーカーの入手が難しく目の前の素材を加工してリペアを進めていく。

07 ヒール側でアッパーとソールを合わせると、つま先部分には約1cmもの隙間が出来ている。ソールスワップに不慣れであれば、この時点で心が折れるかもしれない。さらにソール幅にも若干の違いがあり、ソール側をサイズダウンすればリスクがゼロになるというモノでも無さそうだ。

08 見た目では明らかにオーバーサイズのソールユニットだが、仮合わせした結果「リペア可能」との見解に至っている。その要因にはアッパーよりもソールユニットが大きく、リカバリーしやすい条件にある。逆にアッパーよりもソールが小さな場合はプロショップでもリカバリーするのは難しいだろう。

RESTORE SKILL

ソールユニットの整形
1999年当時のアッパー形状に合わせてソールの縁を削る

「古いDUNKのアッパーにSB DUNKのソールは合わせにくい」という噂は、スニーカーリペアの経験がある読者であれば1度は耳にした経験があるかもしれない。その大きな理由はソールユニットを接着する側の縁が旧モデルでは直角になっているのに対し、新しいモデルではカーブを描くように整形されているからだ。ならばソールを加工してアッパーに合わせた形状に加工するのが、リペア職人の考え方。ここでは加工すべきポイントの確認と共に、実際にソールを整形する工程を紹介する。

09 アッパーのつま先部分の形状を確認。ソールを剥がした跡がほぼ垂直になっており、底面との縫い合わせ部分が直角に仕立てられている。この状態でSB DUNKのソールと接合すると、縫い合わせの部分がカーブ状のソールに押されてせり上がり、接着面がソールから露出してしまう。

10 カラーがホワイトなので画像では伝わりにくいが、ソールの縁が垂直ではなく、カーブ状に仕立てられいた。カーブ状の部分は下側に行くほどラバーが厚くなり、強度が向上しているようにも見える。スケボー用にアップデートを施したSB DUNKとしては、正しいディテールなのだろう。

11 シューズ用のリペアマシンを使って、ソールの縁部分を削っていく。家庭でこの作業を行う際にはハンディルーター等を使用するが、ラバーを削るにはある程度のトルクが必要なので、ホームセンター等で販売されているAC電源で回転速度が調整可能なタイプを用意すると安心だ。

12 ソール前半部分の縁を削り終えた状態。接着面が垂直に近くなり、底面とのコーナーも直角に整形されている。注意したいのは残すラバーの厚さだ。ソールの縁は負荷が掛かりやすいため、ラバーが薄くなり過ぎるのはご法度。一気に加工を進めず、厚さを確認しながら作業したい。

>>

DUNK+SB DUNK

RESTORE SKILL

ソールユニットの整形
ヒール側の整形とアッパーとのバランスチェック

ソールの前半部に続き、後半部のサイド部分を整形する。作業を進める上での感覚としては、ソールの巻き上げ部分にアッパーに残る接着跡が隠れる深さを目標としたい。特に今回の作例のようにアッパーとソールのサイズが異なっている場合には、小まめにパーツを合わせて各部の深さを均一に仕上げなければ、接合時に歪みとなって現れるリスクが高くなる。古いDUNKとSB DUNKを使用するソールスワップにおいて、ソールユニットの整形はクオリティに最も大きな影響を及ぼす工程と評しても過言ではないのだ。

13 SB DUNKのソールユニット後半には、クッション性向上を目的にフォーム素材が内蔵されている。このフォーム素材がソール接着面側の縁にあるカーブに干渉している際には、ラバーと同様に削り、直角になるよう整形する。ラバーよりも柔らかい素材なので削り過ぎに注意。

14 シューズ用のリペアマシンを使ってソールのヒール側を整形する。時間を掛ければ目の粗いサンドペーパーや棒ヤスリでも削れるが、サイド部分を均一な薄さに整えるのにはかなりの労力とスキルが求められるだろう。この工程ではルーターの使用が前提と考えて差し支えない。

15 ソールの巻き上げ部分のカーブを削り直角のコーナーを描くように整形したら、実際にアッパーを合わせて深さを確認。後の工程でアッパーとソールを縫い合わせる（オバンケ）ので強度面は確保できるものの、加工精度が低ければ完成時に隙間が生じるリスクとなる。

16 ソールの巻き上げ部分の整形が完了したら、改めて前後の深さを確認。この段階ではアッパーとソールの長さに差異があるので、シューズの前後や中央部分で個別に確認できれば問題ない。アッパーとソールを何度も合わせて調整を繰り返し、納得のいく仕上がりを目指そう。

>>

ソール側接着面の下処理

接着面をヤスリがけして微調整と接着力の向上を図る

ソールのサイド部分の整形が終わり、アッパーと組み合わせたて接着面の深さを確認したら、接着工程に向けた下処理を進めていく。DUNKはアッパーとソールを縫い合わせるオパンケ製法を採用するスニーカーだが、着用時の強度確保を目的に、高い接着強度を確保するのは必須。接着強度が低いとソールを縫い合わせる際にズレや歪みの原因になるため、下処理で手を抜くのはご法度だ。ここで紹介する工程はソール側接着面のヤスリがけ。接着面の深さを微調整するだけでなく、古い接着剤を除去するのがポイントになる。

17 SB DUNKのソールユニットの前半部には、アッパーとの間に隙間を形成するように立体的なディテールが施されている。このディテールを削って深さを調整する事も可能だが、サイド部分の整形が完璧であれば、この造形が接着面の深さに影響を及ぼす程度は低い。

18 SB DUNKのソール後半部にはクッション材が内蔵されている。SB DUNKが一般的なDUNKに比べて履き心地が柔らかいのは、この構造の恩恵だ。アッパーと仮合わせした際に深さに問題が無い事を確認したので、この工程では表面のヤスリがけ作業のみに留めておく。

19 シューマシンを使用してソール接着面にヤスリを掛ける。個人で行うリペアの場合ではハンディルーターや当て板に巻いたサンドペーパーで地道に作業していこう。この目的は接着面を荒らし、接着剤を素材に食いつきやすくする事なので、力を入れて削る必要は無い。

20 ソール接着面のヤスリ掛けが完了したら、再度アッパーと仮合わせしてバランスを確認する。この後には接着工程が控えており、失敗した際のリカバリーに掛かる手間が増えてしまう。気になる部分が見つかった際にはこの状態で対処すると、比較的楽にリカバリーできるハズだ。

≫≫

アッパー側接着面の下処理

パーツに残った古い接着剤は完全に除去しよう

今回はサイズと形状が異なるソールを使用したスワップ工程なので、アッパーにソールを取り付ける際の位置合わせには相応の困難が待ち構えていると予想される。この作例における最大の壁を突破するのは、アッパーのここぞという位置にソールを取り付けた際、しっかりと固定してくれる状態が望ましい。ソールスワップの基本になるが、高い接着力を発揮するのは、接着剤が食いつきやすい下地処理を行うのが大前提だ。ここでは溶剤を使用して接着面を丁寧にクリーニングする。素材によっては色落ちも発生するが、怯む事は許されない。

21 1999年発売の復刻ダンクのアッパー接着部分。レザーパーツに残る接着跡をガイドラインにして下処理を進めていこう。今回用意した素材では事前にある程度のクリーニング処理を施しているが、プロショップの視点で確認すると若干古い接着剤が残っているとのこと。

22 プロショップではクリーニング用の溶剤とメラミンスポンジを使用していたが、個人で作業する場合はアセトンを溶剤として使用すると良いだろう。アセトンは入手しやすく価格も手頃だが、臭いがきつくパテントレザー等を傷め、スニーカーの塗料も落としてしまう。取り扱いには注意が必要だ。

23 こびり付いた古い接着剤をこすり落とすように、溶剤を含ませたメラミンスポンジで作業する。この際に力を入れすぎてしまうと地のレザーまで傷めてしまうので、程々の力加減をキープしたい。メラミンスポンジは100均ショップで販売されているタイプでも十分使用できる。

24 アッパー側の接着面をクリーニングした状態。溶剤にアセトンを使用すると塗料も溶かしてしまうため、このDUNKのようにメラミンスポンジに色移りする。あまりの色落ちに少々不安になってしまうが、作業した箇所はソールの接着面に隠れるので、特に気にする必要は無い。

RESTORE SKILL
7

ソール側接着面の下処理

溶剤とメラミンスポンジで接着面をクリーニング

アッパー面に続きソールユニットの接着面も溶剤とメラミンスポンジを使用してクリーニングを施していく。実際には前工程のヤスリ掛けで古い接着剤はほぼ除去されているが、もし古い接着剤が残っていると接着強度が低下した箇所に接着剤を塗り重ねる状態になるため、接着強度が著しく低下する。言うまでも無く、この工程に入る前にヤスリ掛けで生じたラバーの粉等は完全に除去しておくのが前提だ。プロショップではブロワーを使用して対処していたが、個人で作業する場合には水洗いして1日乾燥させるといった余裕が欲しいところ。

25 メラミンスポンジにクリーニング用の溶剤を染み込ませる。メラミンスポンジも高品質タイプの方が効率は良くなるそうだ。また100均ショップで購入する際は、キューブ状にカットして売られている商品よりも自由にカットできるタイプの方が、好みの大きさに整えられるので使いやすい。

26 溶剤を染み込ませたメラミンスポンジでソールをクリーニング。ソールの縁は特に接着強度が要求され、ソールスワップの仕上がり（見た目）に影響する箇所だ。アッパーのレザー素材と比べソールのラバー素材はアセトンへの耐久性も強いため、念入りにクリーニングしてあげたい。

27 ソール後半のクッション材は、アッパーと密着する面積が特に多い部分。その全体をクリーニング用の溶剤で吹き上げれば接着前の下準備は完了だ。この工程で使用するアセトン等の溶剤は揮発性が非常に高いので、風通しの良い場所で作業する等の基本を守るのもお忘れなく。

28 接着前の下準備を終えたソールユニット。ソール縁のエッジが際立っているので、外しただけの状態とは印象が異なっている。この後はアッパーにソールを取り付ける工程に進んでいく。ここまでの工程を一区切りとし、反対足に取り付けるソールも加工と下処理を済ませよう。

ソールの接着準備

プライマーと接着剤を塗ってしっかりと乾燥

アッパーにソールを縫い付けるオパンケ製法を採用するDUNKであっても、ソールをしっかりと接着しなければソールを縫い付ける作業もままならない。ソールスワップを行う際には一般的な接着剤とは異なり、接着剤を乾燥させてから貼り合わせるタイプを使用するのが一般的。そうしたスニーカー用接着剤は数年前まで海外で発売されている製品を個人輸入するしか無かったが、最近は国産のスニーカー用接着剤が普及しソールスワップのハードルが下がっている。応用が利くリペアテクニックだけに、身に付けておきたいスキルだ。

29 ソールの接着面にプライマーを塗布していく。プライマーは素材と接着剤の食いつきを向上させるもので、スニーカー用でも素材や接着剤ごとに専用タイプが発売されている。新規にプライマーを購入する際には、どの素材と接着剤に対応するプライマーなのかの確認をお忘れなく。

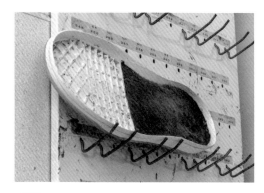

30 ソールの接着面全体にプライマーを塗り終えたら、一旦乾燥させる。ソールの端部分も含め、塗り残しが無いか確認するのも忘れずに。乾燥時間の目安はタイプによって異なるので一概には言えないが、塗った面を指で触り、プライマーが付着しない状態まで乾燥させてあげよう。

31 プライマーを乾燥させている間に接着剤を準備する。プロショップが使用する接着剤は、今のところ一般に向けて販売されていないとのこと。それでも現在市販されているスニーカー用接着剤には信頼できる商品も多く、接着強度の面でも特に不安を感じる事にはならないハズだ。

32 筆を使ってソールに接着剤を塗布していく。ソール全体に塗り終えたらプライマーと同様に、表面を触って接着剤が付着しない状態までしっかりと乾燥させる。同様の工程を繰り返し、反対足のソールにもプライマーと接着剤を塗布し、乾燥時間を利用してアッパーの工程に進んでいこう。

アッパーの接着準備

アッパーの接着面にもプライマーと接着剤を塗布

乾燥させてから貼り合わせるスニーカー用の接着剤は、プロショップ用だけでなく、市販品であっても接着する部分の両面にプライマーと接着剤を塗るのが基本。作業としてはシールやガムテープの接着面を貼り合わせるイメージに近く、そのどちらかの接着強度、もしくは素材と接着剤の

食いつきが弱ければ負荷がかかった時に剥がれるリスクが高くなってしまう。ここで紹介する作例ではアッパーの底面に塗布するのは当然として、サイドパネルに残るソールが接着されていた跡が描くラインまで、プライマーと接着剤をしっかりと丁寧に塗っていく。

33 アッパーの底面全体にプライマーを塗っていく。この際、プライマーと素材の相性が合っている事を確認するのを忘れずに。対応する素材以外のプライマーでは接着剤の食いつきが向上しないのはもちろん、場合によっては接着力が低下する場合もあるので注意が必要だ。

34 サイドパネル部分は特に負担が掛かる場所なので、集中してプライマーを塗っていこう。市販されているスニーカー用のプライマーや接着剤には、キャップの内側に簡易的な筆が付属するタイプも少なくない。ただ、ここは割り切って100均ショップの筆を使い捨てるもの選択肢だ。

35 プライマーを塗り終えたら風通しが良く、ホコリ等が付きにくい場所にハンガー等で吊るして乾燥させる。塗りと乾燥を繰り返す地道な作業であるものの、乾燥させている間にもう片足の作業を進めるルーティンが基本なので、誌面から受ける印象ほど手持ち無沙汰にはならない。

36 接着面を触ってプライマーの乾燥を確認したら、スニーカー専用の接着剤を塗っていこう。底面はもちろん、サイドパネルの貼り付けラインの端までしっかりと接着剤を塗るのはプライマーと同様だ。この工程が完了したら、いよいよソールユニットの取り付け工程が待っている。

>>

DUNK+SB DUNK

RESTORE SKILL

ソールユニットの取り付け
素材の特性を活かして異なるサイズのパーツを接着

接着剤の乾燥が確認できたら、いよいよアッパーにソールを取り付ける工程に進む。本作例の冒頭で説明した通り、アッパーに対してソールの長さが（見た目上では）約1cm長く、ソールの幅も若干広め。ソールスワップに不慣れな人であれば、パーツ合わせの段階で諦めてしまうコンディ

ションであった。にも拘わらず、プロショップの職人は素材の状態を確認して「これならいけそうだ」と判断したのである。ここでは異なるサイズのパーツを貼り合わせる手順を紹介。様々なケースに応用の効くスキルなので、どこを起点にパーツを合わせていくのかに注目したい。

37 ガムテープの接着面を貼り合わせる感覚に似る接着工程は文字通りの一発勝負。事前に作業手順を慎重に検証するのが肝心だ。万が一、位置合わせに失敗した際には一旦ソールを剥がし、塗布した接着剤やプライマーを除去。改めて接着の下準備からやり直す事になる。

38 プロショップの職人が検証した結果、最初につま先部分とヒール部を固定して、その後に中央部分をソールに馴染ませる工程を選択。まずはつま先部をしっかりと貼り合わせる。レザー素材の柔軟性と、ソールの微妙な屈曲性を活かし、1cmのサイズ差を克服していくのだ。

39 続いてヒール部分を接着して位置を固定する。プロショップの職人はなるべくソール中央部がアッパーに貼り付かないよう、微妙な力加減を駆使していた。文字にすると簡単な作業に感じるかもしれないが、一発勝負のプレッシャーもあり、全工程の中でも特に集中力が必要となるだろう。

40 ソールの前後端をアッパーに固定した状態。つま先とヒールが正しい位置に納まり、中央部分に余裕がある状態になれば正解だ。パーツのサイズ差からソールが反り返っているようにも見えるが、職人はアッパーとソールを馴染ませれば、この状態も解消されると判断している。

>>

ソールユニットの馴染ませ

アッパー側に巻き上がったソールの縁の固定は特に念入りに

過去に他のプロショップが「ソールスワップは不可能」と判断したDUNKを、取材に応じて頂いた竹本さんが「可能」と判断した背景には、ソールユニットのサイズがアッパーより大きかった点が挙げられる。ラバー素材のソールは形状が変化しにくいのに対し、アッパーに使用されるレザーにはある程度の柔軟性が確保されている。この組み合わせであれば、アッパーのサイズをソールに寄せるように貼り合わせるアプローチが使えると判断したのだ。ソール側のサイズが目に見えて小さかったならば、今回のソールスワップも実現しなかった可能性が高い。

41 アッパーとソールの中央部分を指で圧着し、ソールの縁部分を残すように位置を固定する。本格的な圧着は後の工程で行うため、この段階では位置を固定するだけの感覚で押し付ければ良い。ソールの前後が正しい位置に固定されていれば、特にストレス無く作業を進められるだろう。

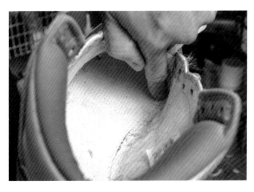

42 続いて巻き上がったソールの端をアッパーに圧着させていく。アッパー側で圧を掛けるのは、靴底との縫い合わせ部分だ。この縫い目部分をソールの縁に指を使って押し付ける作業になるので、この時点でインソールが装着されたままになっていたら、作業に取り掛かる前に抜き取っておく。

43 アッパー内側の縫い目と、巻き上がったソールのラバーを貼り合わせる感覚で圧着する。この工程でアッパー素材の柔軟性を感じながら、パーツのサイズ差で生じた隙間を埋めるようにアッパーを貼り付けていく。作業前には諦める事も検討していた、約1cmのサイズ差を克服した瞬間だ。

44 アッパーとソールを固定したら、靴修理用の台金を使用して再度圧着させる。この台金は簡易的なタイプがWEBショップでも購入可能。実際に台金を購入する際は靴底を押し当てる面がフラットではなく、緩やかなカーブを描くタイプがスニーカーリペアとの相性が良いのでお勧めだ。

オパンケ製法でソールをアッパーに縫い付ける

DUNKのソールに欠かせないディテールはハンドミシンで施す

アッパーとソールの接着を終えたら、ハンドステッチャーを使ってアッパーとソールを縫い合わせる。これは"オパンケ"と呼ばれる製法で、1980年代にデザインされたスポーツシューズに多用されたもの。ソールのサイドを巻き上げてアッパーに被せ、ステッチ糸で縫い付けるのが特徴だ。スニーカーとして履くだけなら前工程の接着で強度が確保できているものの、オリジナルが1985年に発売されたDUNKにオパンケは欠かせないアイコンディテール。スニーカーリペアを志すならば、習得すべきスキルの代表格と言える。

45 アッパーとソールの貼り合わせが完了した状態。サイズが1cmも異なっていたとは思えない仕上がりだ。スニーカーとして使用するだけなら十分な接着強度があるものの、DUNKと言えばミッドソール部のステッチがあってこそ。1980年代のスニーカーには欠かせないディテールを再現していこう。

46 オパンケを行うための工具は、プロショップの職人も一般的なクラフトショップで入手可能なハンドステッチャーとステッチ糸を使用している。作業工程も"ハンドミシン"と呼ばれる基本的なもの。オパンケと聞くと特別な工法のようにも聞こえるが、特殊な道具を必要とするワケでは無い。

47 オパンケは主にシューズの外側からステッチャーの針を刺す方法と、内側から針を刺す方法に二分される。どちらが正解ではなく、好みで選ぶと良い。オパンケの進め方は前項のAIR JORDAN 1とほぼ同じなので、ここからは内側から針を刺すオパンケの特徴を中心に紹介していこう。

48 内側から針を刺すオパンケでは、ステッチャーでループを作り、反対の糸を通すハンドミシンの基本工程をシューズの外側で作業するのが特徴。ミッドソールに残るステッチ穴に内側から針を通すのは少々困難だが、それでも内側から針を刺す手法ならではのメリットも存在する。

ソールスワップの仕上げ
ミッドソールにステッチを施して仕上がりを確認する

内側から針を刺すオパンケ最大のメリットはつま先部の作業にある。外側から針を刺すオパンケではミッドソールのステッチ穴がガイドラインとなるため、針を刺す位置を決めやすい。ただつま先部分でループを作り、糸を通す工程は手元が見えなくなるため、手探りでの作業と

なる。これが意外と大変で、慣れないうちは何度もステッチャーの針を指に刺してしまうだろう。そのリスクを内側から針を刺すオパンケでは避けることができる。ソールに針を刺す位置決めで苦労するか、つま先の作業で苦労するか。どちらのリスクを選ぶかは自分次第だ。

49 内側から針を刺すオパンケ製法で、つま先部分にステッチを施している状態。手元が見えないシューズの内側から、ソールのステッチ穴に針を正確に通すのは経験を必要とするものの、ループに糸を通すハンドミシン作業は圧倒的にやりやすくなるのは言うまでも無いだろう。

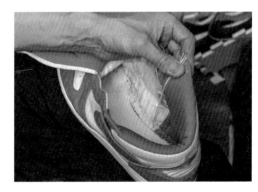

50 オパンケ製法でミッドソールにステッチを施し終えたら、シューズの内側で糸を縛り、余分な糸をハサミで切れば完成だ。後に残る糸はインソールで隠すのが一般的だが、糸がずれるのが心配であれば、小さく切ったマスキングテープで靴底に貼り付け、固定してやれば問題ない。

51 オパンケ製法で再現したステッチの確認。ここで使用するステッチ糸も、強度と使いやすさが確保されていれば好みで選べば問題ない。参考までに取材したプロショップの職人は、糸の表面にロウを塗った、ロウ引きのステッチ糸（0番手と呼ばれる太いより糸）を使用していた。

52 今回はDUNKとSB DUNKのソールスワップなので、インソールもSB DUNKに使用されていたタイプに交換している。このインソールはヒールにZOOM AIRが内蔵されているので、実際に着用してみると、クッショニングを感じる履き心地にアップデートされているのが体感できた。

DUNK+SB DUNK

Complete
RESTORE SKILL

完成

ソール形状の加工という突破口が無ければ実現しなかったソールスワップ

サイズが異なるアッパーとソールを、ソール接着面の端を削り、整形して組み合わせるアイデアで完成させたDUNK。その完成品は素材のサイズ差を全く感じさせる事の無いスニーカーに仕上がっていた。さらにつま先部分のディテールも見ての通り。1999年発売モデルら

しい低くシャープなシルエットを描いているのが確認できるだろう。昨今の人気でDUNKは入手困難な状態が続いており、交換用のソールを確保するのも難しい。貴重なソールを活かすため、アイデアを活かして目の前のハードルを乗り越えた作例は、多くのスニーカーファンにとって参考になるリペアと言えそうだ。

SHOP INFORMATION

リペア工房 アモール

千葉県千葉市若葉区千城台北1-1-9
オーシャンクリーニング本店内
TEL：043-309-4017
営業時間：10:00〜13:30
　　　　　14:30〜18:00
定休日：毎週水曜（その他臨時休業あり）

http://www.rs-amor.sakura.ne.jp/

職人の経験から導き出された
新たなリペアスキルが
1999年発売の名作スニーカーを
再びストリートに送り出す

SOLE SWAP
DUNK × SB DUNK

HOW TO KICKS RESTORE
スニーカーレストアブック

2021年8月25日　初版第1刷発行

編・著　CUSTOMIZE KICKS MAGAZINE編集部

発行者　長瀬 聡

発行所　グラフィック社

　　　　〒102-0073　東京都千代田区九段北1-14-17

　　　　tel.03-3263-4318（代表）　03-3263-4579（編集）

　　　　fax.03-3263-5297

　　　　郵便振替　00130-6-114345

　　　　http://www.graphicsha.co.jp/

　　　　印刷・製本　図書印刷株式会社

EDITOR/WRITER　　HIROSHI SATO

EDITOR　　　　　　AKIRA SAKAMOTO

PHOTOGRAPHER　　KAZUSHIGE TAKASHIMA（COLORS）

DESIGN　　　　　　HIROAKI SHIOTA

SPECIAL THANKS　　DAICHI TAKEMOTO

　　　　　　　　　　TAKUMI KIDOKORO

　　　　　　　　　　TATSUYA SHIMBO

ISBN978-4-7661-3599-2　　C2076
Printed in Japan